本书出版由国际关系学院中央高校基本科研业务费专项资金资助

互联网

刘月琴 康艳梅 李顺◎编著

可信生态环境研究

知识产权出版社

全国百佳图书出版单位

图书在版编目（CIP）数据

互联网可信生态环境研究/刘月琴，康艳梅，李顺编著. —北京：
知识产权出版社，2017.9

ISBN 978 - 7 - 5130 - 4909 - 2

Ⅰ.①互… Ⅱ.①刘…②康…③李… Ⅲ.①互联网络—生态环境—研究
Ⅳ.①TP393.4

中国版本图书馆 CIP 数据核字（2017）第 111956 号

内容提要

当前在互联网建设领域领先的国家，已将注意力聚焦在如何保证网络行为的安全
性，网络身份的真实性，建立基于身份识别系统的网络可信生态环境。本书在系统调
研美国等发达国家互联网可信生态环境的基础上，着重分析了我国互联网可信生态环
境现状，提出了建设我国互联网生态环境的对策建议。

责任编辑：蔡　虹　　　　　　　　　　责任出版：刘译文
封面设计：邵建文

互联网可信生态环境研究

刘月琴　康艳梅　李　顺　编著

出版发行：	知识产权出版社有限责任公司	网　　址：http://www.ipph.cn	
社　　址：北京市海淀区气象路 50 号院		邮　　编：100081	
责编电话：010 - 82000860 转 8324		责编邮箱：caihong@cnipr.com	
发行电话：010 - 82000860 转 8101/8102		发行传真：010 - 82000893/82005070/82000270	
印　　刷：北京嘉恒彩色印刷有限责任公司		经　　销：各大网上书店、新华书店及相关专业书店	
开　　本：787mm×1092mm　1/16		印　　张：14.25	
版　　次：2017 年 9 月第 1 版		印　　次：2017 年 9 月第 1 次印刷	
字　　数：200 千字		定　　价：45.00 元	

ISBN 978-7-5130-4909-2

互联网可信生态环境建设
已成为国家战略

当前，世界互联网发展正在进行重心偏移，由"基础设施建设"到"应用系统建设"再到"可信生态建设"，建立基于身份识别的互联网可信生态环境已经成为各国网络发展战略的重要目标。

互联网可信生态环境概念最早由美国提出。2011 年 4 月 15 日美国白宫公布《可信互联网空间身份标识国家战略》（《National Strategy for Trusted Identities in Cyberspace》，简称 "NSTIC 战略"），该战略的主要目标是建立"隐私保护机制健全、认证和识别技术标准、具有长期与广泛应用价值"的身份识别生态系统，以降低网络空间欺诈风险，抵御信息盗窃、篡改、伪造和非法利用。

2012 年 8 月，美国成立了国家可信身份战略的指导小组，负责身份生态系统架构标准和认证过程的制定。国家计划办公室（National Program Office，NPO）负责协调战略实施过程中相关机构的工作流程、具体行动以及战略的日常协调工作，各州、地方和自治政府也参与到身份生态系统框架的建设中。目前该身份认证生态系统已率先在机动车辆管理员协会等组织内进行试点，且工作效果很好。美国计划 3 ~ 5 年内实现身份认证生态系统初步运营的一些关键目标，10 年后，身份认证生态系统基本建成，主要优势完全体现。

美国 NSTIC 战略框架提出后，大部分西方国家都在学习借鉴美国的这种做法，日本、欧盟、新加坡等国家和组织先后颁布了互联网可信生态环境战略的相关文件和法律，2013 年日本内阁下属的信息安全中心颁布了《网络安全战略》，欧盟则颁布了《欧盟网络安全战略：公开、可靠和安全的网络空间》，为欧盟网络空间的建设和管理提供规范和指导。

可以看到，当前在互联网建设领域领先的国家，已将注意力聚焦在如何保证网络行为的安全性和网络身份的真实性上，以建立基于身份识别系统的网络可信生态环境。

本书在系统调研美国等发达国家互联网可信生态环境的基础上，着重分析了我国互联网可信生态环境现状，提出了建设我国互联网可信生态环境的对策建议。我国互联网可信生态环境建设已具备一定基础，手机实名制、银行账户、指纹认证以及将启动的统一社会信用代码制度，都为网络身份认证提供了良好的社会基础，但不利条件是我国的社会诚信和社会信任体系尚未完全建立，因此还须率先发展社会信任体系建设。

目前我国主要存在的问题有：社会信用机制尚未完善；缺乏战略目标、规划和方案；管理体制和机制滞后。具体包括如下几个方面。

一是从国家层面还未形成明确的可信网络空间生态环境建设的战略目标和规划，缺乏一套完整的互联网可信生态环境框架方案。

二是我国实行多头和切块式网络管理，电子商务、金融、电信、网络媒体等各自为政，缺乏统一的认证体系和平台，身份认证、信用等级资源未实现共享，未形成完整的网络空间可信生态环境。切块式管理还容易造成职责不清，责任不明，"推诿""扯皮"，利益多家抢，责任互相推等现象，还易形成无人管理的空白地带，这不仅增加了网络管理成本和难度，还造成了信息和资源共享难、管理效率低等问题。在管理机制上，网络管理效果与政府官员绩效没太多关联，地方政府对网络管理缺乏重视和动力，也是网络管不过来、没法管的原因之一。

三是网络空间信用等级低。我国的社会诚信和社会信任体系尚未完全建立，网络信用机制更为缺失，网络欺诈、网络攻击、网络侵权与犯罪事件多发，网络秩序较为混乱。一方面，某些互联网公司出于商业利益和某种不法目的，掠取公民的个人隐私和信息，尤其是在那些外资已占很大份额甚至已控股的互联网公司，此种现象尤为严重，直接影响到网民的信息安全；另一方面，某些网民的不规范行为，很大程度上源于网络空间中网民权利与义务不对等，法律责任无法很好追溯。因此，建立可信身份认证机制，也可为网络责任的可追溯性提供途径。

四是我国信息领域相关法律法规严重滞后。主要表现为至今还没有信息领域内的根本大法，即大多数国家都有的《信息公开法》或《信息自由法》，也没有针对互联网和信息传播的具体法律，现有法律少，部门规章多，行政法规多，以及临时性的行政管理规定或带有决定性的文件多，惩戒力度低，法律效力和执行力大打折扣；现行法律法规框架性东西多，过于简单和笼统，缺乏操作细则，增加了执法难度。

我们对互联网生态环境建设的对策建议如下：

战略先行，详细规划，尽快启动可信网络空间生态环境建设，加强法治和管理，逐步形成线上线下一体化的信用环境体系。

一是从国家层面尽快形成可信网络空间生态环境建设的战略规划，建立一套完整的网络空间身份识别和生态环境框架方案。

1. 建立完善的隐私保护机制、规则和指南，明确服务提供商和依赖方共享信息的问题，并明确他们在什么情况下可以收集用户信息、可以收集用户哪类信息、这些信息如何被管理和使用等。中央政府行政部门与运营商共同制定规章制度以加强保护个人隐私。

2. 在已有的风险模型的基础上制定广泛的认证和识别标准。

3. 定义身份认证系统中的参与者责任并建立问责制，确定系统中参与者的最低权利和责任。同时从法律层面界定互联网中各大主体，包括政府、企业、运营商、其他主体以及个人之间的关系、权益和责任。在网络空间可信生态环境建设中，政府发挥组织、引导、标准制定和监管职能，企业扮演的是生态链中的供应者，负责创建和维护身份验证、更新和撤销等属性。通过完善的监管机制、社会诚信体系和强大的数据资源，建立一套网络身份识别系统。

4. 建立一个指导小组，管理身份识别系统架构标准的制定和认证过程，制定管理政策和技术标准，按照战略规划的指导原则进行组织和引导。

二是尽快启动以可信身份认证机制、信用等级机制、信息共享机制为主体的网络空间可信身份识别环境建设。本书提出四种网络身份认证方式，分别如下。

（1）基于实名制手机验证码的身份认证方式；

（2）基于网银 U - Key 的身份关联认证方式；

（3）基于指纹特征的身份认证；

（4）基于网络电子身份证 eID 的身份认证。

建立互联网信任体系和信任分级制度，须先将各种不同的网络身份归结为唯一标识，最直接的方法就是将网络虚拟身份与现实身份关联起来，还原其社会身份。因此，可信的身份认证机制成为构建互联网可信生态系统的基础要素之一，在此基础上，建立用户的信任分级制度。笔者从基础条件、推行成本、技术难度、隐私保护、对用户心理冲击几方面对四种认证方式进行了分析，认为在我国现有互联网基础环境下，可以先从推行难度最小的手机验证码认证方式入手，使身份认证工作能够较快进行，同时积极推广网络电子身份证 eID，逐步实现以 eID 代替手机作为认证介质的转化，以降低风险，提高认证效率。

三是加强加快信用体系相关法律法规建设，加强执法力度。2013 年开始的"净网行动"对于清理网络谣言，净化网络环境起到了非常有效的作用，但若要长治久安则须从法律上解决问题，依法治网。同时网络空间可信生态环境建设也要依法办事，依法执行。

四是建立统一的网络管理体制和机制，提高网络管理的级别和效率。尽快完成互联网运营商和用户责任的可追溯性，从而加强网络舆情的监控，加大对网络犯罪、网络谣言的打击力度，改善互联网空间秩序。

五是加快大数据建设工作。我国公民社会信用代码制度建设工作已经启动，这是加快全国大数据建设的最好时机，而互联网可信生态认证是基于大数据云的一项互联网可信管理技术，因此大数据建设工作关系到互联网可信生态系统的建设。

六是在建立互联网可信生态环境体系时，应注意与社会信用体系以及相关法规政策接轨，以求形成线上线下一体化的信用环境体系。网上身份认证、信任等级评价应与社会真实身份及信用评价一致，且进行信息关联，在建立网络身份认证的同时，大力发展完善我国的信任体系，加快推动互联网以及全社会可信生态系统的建设。

在课题调研和成果编撰过程中，陈持协、刘洋、白佐铭、黎文勇等人协助做了大量工作，同时，我们得到了诸多专家和领导的帮助与支持，在此表示感谢。

CONTENTS

目　录

第二部分　我国互联网可信生态环境现状

第三部分 我国互联网生态环境建设

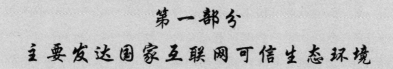

第一部分
主要发达国家互联网可信生态环境

互联网可信生态环境概念最早由美国提出。2011 年 4 月 15 日美国白宫公布《可信互联网空间身份标识国家战略》(《National Strategy for Trusted Identities in Cyberspace》，简称"NSTIC 战略")，该战略的主要目标是建立"隐私保护机制健全、认证和识别技术标准、具有长期与广泛应用价值"的身份识别生态系统，以降低网络空间欺诈风险，抵御信息盗窃、篡改、伪造和非法利用。自互联网问世以来，由于网络空间存在的虚拟性和自由性，它在提供极度自由的同时，也使得网络诚信存在巨大漏洞。互联网可信生态系统是互联网未来发展的方向，主要包括互联网网络实名认证机制、互联网信息共享机制、互联网信用等级分级机制。

本部分首先通过对互联网霸主美国互联网可信生态系统的分析，来了解互联网可信生态系统的发展道路，同时调研了国外其他互联网发达国家及我国现有的互联网法律法规，目的在于从实际出发，通过现有的规章制度来明确建设互联网可信生态系统的宏观定位与实施步骤。

第一部分包括两个章节，第 1 章调研分析了美国现有互联网基础建设、互联网管理体制、NSTIC 战略文件，第 2 章主要是从政府政策层面入手调研了日本、新加坡、韩国、欧盟相关法律文件和政府政策手段。

美国 NSTIC 战略已具体界定了政府部门、私营机构以及其他主体在身份认证过程中扮演的角色和任务，明确了系统参与者责任并建立了问责机制。其中，私营机构负责具体身份生态系统的设计和运营；联邦政府负责支持私营机构的行动并进行监督，确保身份生态系统在互操作、安全、隐私保护等方面达到要求。

在对美国等发达国家互联网生态环境调研和分析的基础上，我们发现这些在互联网建设领域领先的国家，已将注意力聚焦在如何保证网络行为的安全性，网络身份的真实性，建立基于身份识别系统的网络可信生态环境。

第1章 美国互联网可信系统

美国人发明了一项改变世界的工具——互联网。互联网建成之后，美国在互联网技术和管理上不断积累和完善，形成了一系列行之有效的法律和管理手段。其基础设施建设、互联网管理机制和 NSTIC 法案对于我国的互联网可信系统建设都有重要的参考意义，其中互联网管理机制还包括美国现有的立法现状、技术监管、政府自律引导、市场调节、企业配合、信息共享等多个角度。

1.1 基础设施建设

1.1.1 基础设施的自主性与可控性

（1）互联网根域名服务器

互联网的安全可信来源于基础设施的自主性和可控性，美国作为互联网发源地，控制着互联网的主要命脉——根域名服务器。全世界共有 13 台根域名服务器，其中 1 台为主根服务器，放置在美国弗吉尼亚州的杜勒斯，其余 12 台为辅根服务器，有 9 台放置在美国，2 台在欧洲，分别位于英国和瑞典，1 台在亚洲，位于日本。美国控制了域名解析的根服务器，也就控制了相应的所有域名，如果美国不想让某些域名被访问，可以屏蔽掉这些域名，使它们的 IP 地址无法被解析出来，那么这些域名所指向的网站就相当于从互联网的世界中消失了。2005 年 7 月 1 日，美国政府宣布，美国商务部将无限期保留对 13 台根域名服务器的监控权。例如，2004 年 4 月由于".ly"域名瘫痪，导致利比亚从互联网上消失了 3 天。另外，凭借在域名管理上的特权，美国还可以对其他国家的网络使用情况进行监控，如美国可以对某个国家的某类网站进行流量访问统计，从中大致分析出该国热门网站分布情况和网民的访问喜好等[1]。

（2）通信设备巨头——思科

思科是美国互联网的宠儿，是 2003 年 3 月公布的"美国最佳企业"，这使思科一跃成为互联网时代的可信企业，作为通信设备的巨头，不断发展的思科完成了战略全球化。通过与政府的合作，思科为美国内部互联网的可信基础建设做出了重要贡献。美国政府曾通过思科获取的情报处理了很多国内甚至全球的欺诈、欺骗、非法网站，以及他国黑客攻击事件。

1.1.2 基础设施的保护机制

总统关键基础设施保护委员会（办公室）

总统关键基础设施保护委员会（办公室）是由美国政府各主要部门的内阁成员构成，其主要职能是为政府提供网络信息安全、基础设施安全、互联网可信生态环境状况等相关信息，同时该办公室还为美国相应政策提供咨询意见，并负责组织、协调各项信息安全计划的执行活动。

"9·11 事件"后，小布什总统发布第 13231 号总统令，将"关键基础设施保护委员会"这一协调机构改为行政实体——关键基础设施保护办公室，直接纳入总统办公厅的领导之下，重组后的关键基础设施保护办公室成员包括各相关主管部门的首长及总统的相关助理官员。

重组后的关键基础设施保护办公室主要承担以下职能[2]：

① 协调促进私营部门、州政府、地方政府及相关机构在保护信息关键基础设施方面的交流与合作；

② 信息共享：在自愿的基础上建立行业组织和相关执行机构间的信息分享、分析中心，并与联邦计算机应急中心等机构开展合作；

③ 事故协调和危机应对：与司法部等机构及负责人开展合作，协调应对危及信息关键基础设施的信息安全事件；

④ 招聘、保留、培训行政部门安全专业人员；

⑤ 与企业、大学、联邦政府资助的研究中心和国家实验室进行研究、发展、交互合作；

⑥ 协调与国家安全机构间的法律实施活动，推动打击网络犯罪方案的实施；

⑦ 支持保护信息关键基础设施的国际活动；

⑧ 为保护信息关键基础设施的立法活动提供咨询建议；

⑨ 与国土安全办公室（2002 年 7 月升级为国土安全部）进行协调，保护信息关键基础设施，并修复对之攻击所造成的破坏。

1.1.3　网络应用基础

（1）操作系统——微软

微软公司是世界 PC 机操作系统软件开发的先导，从 1981 年的 MS - DOS 系统，到现在各个国家都使用的 Windows XP、Windows 7、Windows 8、Windows 10 等操作系统，微软的全球化非常成功。

（2）Office 系列办公应用软件等——微软

Microsoft Office 是一套由微软公司开发的办公软件，它为 Microsoft Windows 和 Mac OS X 而开发。这套 Office 系列办公软件在世界范围内被广泛应用，它包括联合的服务器和基于互联网的服务，是人们最常使用的办公软件之一。这些带有国家属性的商业软件对内代表安全，对外代表威胁，作为美国本土公司，微软保证了美国国内操作系统的安全性和稳定性。

1.2 完善的互联网管理机制

1.2.1 美国互联网立法管理

（1）从联邦政府的层次上来看

对于互联网所在的电信产业的管理，立法、司法和行政三个体系相对独立，分别行使各自的权力。立法方面，由参议院和众议院组成的国会作为最高立法机关，对包括互联网在内的电信立法法案，进行听证、辩论、表决，从而影响国家电信政策的制定。另外，国会也可通过一些非正式的方式，如控制预算、人事任命、立法威胁、公共舆论等来施加压力，影响政策的制定。在司法方面，美国最高法院、联邦审判法院和申诉法院组成了美国的联邦司法体系，他们拥有着对电信管理机构进行监督，并解决纠纷的权力。在行政方面，行政机构主要是指由各部组成的美国联邦政府，对于电信产业来说，主要是司法部反托拉斯局和商业部国家电信与信息管理局两个部门，联邦政府通过这两个部门对包括互联网在内的电信业进行管理。

联邦政府层次上还存在着一些专门负责某个领域的管理事务、拥有一部分执行权和一部分准立法权及准司法权，直接对国会负责的相对独立的委员会。联邦通信委员会就是这样的一个专门针对美国的通信政策与通信产业的独立机构。它根据1934年通信法成立，兼有立法、司法和行政执行职能，可以制定规章，仲裁争议，执行各项法规。在执行有关职责时，要受到联邦司法系统的制约，受法院监督。在美国的各种机构中，联邦通信委员会是对美国的通信产业最具影响力的机构。

在对于互联网络的建设和管理上，美国政府一直扮演的是一个推动者的角色，既非大包大揽，也非不闻不问，以联邦通信委员会为代表，对于互联网络的管理，基本上采取一种自由的、非管制的态度。并且，政府对于互联网进行大力扶持，为信息网络化的发展创造良好的政策环境，积极调配资金、组织及专业人员，来推动互联网络的规划、推行和实践。美国关于互联网络的信息法规，其涉及面相对来说较为全面和广泛，既有针对互联网的宏观的整体规范，也有微观的具体规定，其中囊括了行业进入规则、电话通信规则、数据保护规则、消费者保护规则、版权保护规则、诽谤和色情作品抑制规则、反欺诈与误传法规等方方面面。

这些法规主要包括：《1977年联邦计算机系统保护法案》《1984年伪装进入设施和计算机欺诈及滥用法》《1986年计算机欺诈和滥用法》《1987年计算机安全法》《1990年电子通信秘密法》和《中小企业计算机安全、教育及培训法》《1991年高性能计算机及网络法案》《1994年计算机滥用法修正案》《1995年数字签名法》（犹他州）、《1996年电信法》《1996年全球电子商务框架》《1997年域名注册规则》《1999年统一电子交易法》，等等。

（2）从州的层面上来看

美国的各州是相对独立的，他们的权力主要来自法律的授权，各州都拥有自己的立法、司法和行政机关。宪法在规定了联邦和地方的权力与义务之后，各州又通过州议会来确定本州的法律。在美国，各州都制定有自己的宪法或基本法，以此来规定管理本州的主要原则。由于各州政治、经济与文化环境的不同，所以，在不同的州有不同的法，即使是同样的部门法，内容往往也会有很大差别。而各个州的行政机构管理本州行政事务的权力又来源于本州的法律，因此，这就造成了美国各州的管理政策与管理方式的不同。

对于互联网所在的电信事业的管理来说，其在各州所处的管理体制和法律环境也是不同的。有的州是把电信事业作为一般公共设施来管理的，而有的州则专门制定了本州的电信法，如 1995 年密西根电信法。但是，各州通过自己的公用事业委员会，只能管理自己州内的电信事务，而电信网络的业务范围一般不会仅仅局限在一个州之内，所以各州在管理其电信事务时，需要联邦通信委员会等联邦层次机构的合作。当发生分歧时，联邦政府享有管理优先权。

美国有 50 个州，各州均因地制宜，对于互联网络的某些重要问题拥有各自的立法。尽管这种州立法的状况难免造成一些困难，譬如一些认定标准上的混乱等，但是在一定程度上还是能够适应当地的具体情况，并通过各种不同管理机构之间的一定程度上的合作，顺应当地的发展形势，建立起符合本州实际状况的网络管理体制。譬如对于数字签名立法的问题，以美国犹他州的《数字签名法》为序幕，到 1999 年年底，美国已经有 43 个州拥有了分属于各大流派、规范深度、调整范围各不相同的电子签名或者数字签名立法。这些法律文件，对于美国电子商务运行规范的确立，起着很大的作用。[3]

1.2.2　技术监管

（1）在网络内容管理方面

包括美国在内的很多国家都是在其对传统媒介信息传播的内容管理模式的基础上，借助高科技的技术手段，针对不同内容分别采取保护、规范、限制和禁止等不同的措施，对网络内容管理的模式进行进一步的发展和调整[4]。

为了维护互联网上信息的可信，美国政府通过各种技术手段来对互联网络上传播的各种非法信息、不良信息、有害信息进行管理。下面介绍两种主要科技手段：分级（rating system）和过滤（filtering system）。

1）分级系统（rating system）

对网络信息内容进行分级是一种很常用的网络管理手段，主要是通过对于网络上纷繁复杂的信息内容进行分级整理，使得网络用户在通过搜索引擎等方式查找所需内容时，可以直接取得所需内容，而其他的一些不符合法律规范、道德规范的不正当内容则会直接被屏蔽掉。比较著名的分级系统有 PICS（Platform for Internet Content Selection）、P3P（Platform for Privacy Preferences Project）等[5]。

美国的 PICS 技术标准协议就是由美国麻省理工学院（Massachusetts Institute of Technology，MIT）所属机构 W3C（World Wide Web Consortium）推动的网络分级制度标准，它完整定义了网络分级所采用的检索方式，以及网络文件分级卷标的语法。此分级方式是通过积累不恰当网络信息的数据库系统，作为筛选的标准，帮助计算机使用者在客户端对网络信息进行筛选。另外以 PICS 为发展核心且技术最为成熟的是 RSAC 所研发的 RSACI（RSAC on the Internet）分级系统，主要是以网页呈现内容中的性（sex）、暴力（violence）、不雅言论（language）或裸体（nudity）表现程度四个项目作为依据进行分级。1996 年，微软浏览器 Internet Explorer 3.0 当中，便已经设置了 RSACI 的标准，而网景（Netscape）公司也于1998 年在公司所研发的浏览器中加入了这项分级标准。由于 PICS 的主要理念是"使用的控制，而非检查"，RSACI 也希望能够通过学校、家长等的分级控制将权利与责任交由学校、家长、ISP 服务商、ICP 服务商等各方面，从而不至危害到网络的自由创作与言论自由，又可以保护未成年人免于受到影响身心发展信息的侵害。

2）过滤系统（filtering system）

对于网络不良信息的过滤，主要是通过一些过滤软件来实现的。过滤软件一般事先确定需要过滤的网络信息应具备的信息不良程度，然后通过一些不良信息所具备的搜寻字串，如 coition、penis、cunt、sex 等关键词，对网络信息进行过滤和筛选。但是，这些过滤软件也存在着一些问题，如只通过设定的关键词库进行内容判断，筛选标准单一，导致很多涉及所选词的正常信息无法显示，并且，在对作为筛选对象的网站和信息的选择上，还存在着运作不规范等问题。虽然如此，这些过滤软件对网络信息内容的管理仍然起了很大的作用，许多用户把这些过滤软件称作"电子守门人"。

如常用的过滤软件 Net Nanny，也称"网络保姆"，该软件主要是通过其"监看"功能，协助家长进行"自助管理"。"网络保姆"可以通过记录联机站址，帮助家长在事后检视未成年子女使用计算机的联机记录，以达到监管的目的；同时，该软件具备"黑名单"功能，鼓励所有的网络用户将新发现的色情网站通过电子邮件与其他用户进行信息交换，一同阻止色情网站的侵袭；此外，通过"网络保姆"提供的"文字通信监控"功能，网络用户只要事先设定一些涉及个人隐私或是不良信息的关键词句，在计算机联网时，凡是网络用户（尤其是未成年用户）接收的或者试图传送的相关信息，"网络保姆"都会进行防堵，必要时甚至会中断联机。这就保障了网络用户在上网时不会将涉及家庭隐私的资料流传出去。

（2）监管技术的研发与人才培养

美国政府提供人力、物力、财力等方面的支持，帮助大学和企业培养计算机安全人才，通过对反病毒、反黑客、反垃圾等技术的研究，积极防治日益猖獗的网络犯罪。

美国全国反欺诈信息中心构建了一个电信欺诈数据中心，其中的数据库对 100 多个执法机关开放，允许执法官员通过桌面了解网民的申诉、正在进行的调查、最近采取的反对电信欺诈的行动。此外，联邦调查局已在全美组建了多个计算机犯罪调查小组，其调查范围主要包括侵入公共门户网站、计算机入侵、隐私权侵害、工业间谍活动、计算机软件盗版和其他的以计算机为主要手段的犯罪活动。

美国很早就组建了网络警察，他们利用各种高科技手段来追查网络犯罪活动，譬如电子商务中的诈骗问题等。现如今，美国的执法机关和犯罪委员会已经可以利用现有的科技手段，形成系统的调查方法，大量收集犯罪模式和犯罪倾向的信息，用一种具体的、统一的方式收集和比照数据。此外美国计算机安全委员会已经制定了条例，用于规范对计算机犯罪的制裁和调查，并且给出了预防方法。

1.2.3　政府引导自律

（1）政府对道德自律的指引

虽然互联网是一个虚拟世界，但是互联网中的行为主体仍然是现实世界的人，其网上行为也必然受自身思想意识所支配。网络上的行为多由一些不成文的网络规则来规范，这就要求网民具有一定的素质和觉悟。现实生活中的道德规范，势必会对网上虚拟生活产生重要的影响。道德作为一种社会文化规范，在网络的虚拟世界里，可以发挥一种无形的力量，约束和规范网络行为主体。道德控制作为一种软性的管理方式，有利于预防网络中道德失范现象的发生，因此，从道德方面进行控制，提倡并引导建立良好的道德氛围是十分必要的。

美国政府一方面从互联网络供应商、经营者着手，呼吁其遵守互联网行为准则，保障互联网络秩序；另一方面，从网络使用者着手，呼吁他们培养自我保护意识和网络安全意识，禁止不良网络行为，既保障公民的合法权益不受侵犯、个人权利得到维护，又限制公民侵犯他人利益、危害国家社会。为了营造较好的道德氛围，美国政府不仅直接向互联网社区成员进行宣传教育，而且借助社会团体、组织和国家行政力量来保证道德作用。如美国政府一直倡导的互联网行为道德标准——"摩西十诫"（The Ten Commandments for Computer Ethics），就是由美国计算机伦理协会制定的关于计算机道德的十条戒律，这十条戒律通常被认为是每一个网民在进行网络活动时应该引以为戒的行为规范，而美国南加利福尼亚大学的网络伦理声明则指出六种网络不道德行为类型：

① 有意地造成网络通信混乱或擅自闯入网络及其相连的系统；

② 商业性的或欺骗性的利用大学计算机资源；

③ 盗窃资料、设备或智力成果；

④ 未经许可接近他人的文件；

⑤ 在公共用户场合做出引起混乱或造成破坏的行动；

⑥ 伪造电子邮件信息。

（2）政府对行业自律的引导

行业自律的完善程度，往往直接关系到网络用户权益和网络交易安全，对网络秩序造成影响，一直备受关注。一方面，美国政府会联合民间业者和业界团体组织，直接或间接地参与制定自律规范，给行业自律模式提出意见或建议；另一方面，毕竟互联网行业自身比政府更了解他们自己的业务，行业自律组织自行制定行业自律模式，通过制定自律公约、成立自律组织等方式，对一些网络活动的一般准则达成共识，并自觉遵守，自我约束，共同维持互联网秩序。

美国政府倡导各行业自身尽快制定出相关的制度规范，同时美国政府也扮演一种监督者的角色，在必要时给予适当的压力。

美国的行业自律体系较其他国家完善，其互联网行业自律范围涵盖了电子商务、著作权、隐私权、网上有害内容管理等方面。对于互联网的管理，行业自律发挥了重要作用，许多自律团体、组织、联盟通过各种方式来直接或间接地协助和配合政府进行管理，共同促进互联网的发展[6]。仍以美国在隐私权方面的行业自律为例，针对互联网隐私权的行业自律主要通过以下几个方式实现。

① 建议性的行业指引：如 1998 年 6 月 22 日，美国的一个产业联盟——美国在线隐私联盟（Online Privacy Alliances，OPA）公布了它的关于从网上收集用户个人可识别信息的在线隐私指引。这个指引被许多隐私认证计划所采用，并作为认证的标准和加入认证条件。但 OPA 作为一个只制定政策建议的产业联盟，其目的仅仅是指引和倡导，为保护网络隐私提供范本，并不监督，也不制裁违反指引的行为。

② 网络隐私认证计划：这是一种私人行业实体致力于实现网络隐私保护的自律形式，类似于商标注册的网上隐私标志张贴许可，其认证标志具有商业信誉意义。此计划要求张贴了其网络隐私标志的网络服务商必须遵守其在线资料收集的行为规则，并且服从其多种形式的监督管理。网络隐私认证计划有利于用户进行识别，也便于网络服务商展示自身遵守规则的情况。但是参与其认证的网站数量较少，并且其有关执行和救济的制度也有待于完善。

③ 技术保护模式：以著名的隐私倾向选择平台（the platform for privacy preference project，P3P）为代表，是一种把保护隐私权的希望主要寄托于用户自身的模式。它主要通过一些保护隐私的软件来实现。在用户进入某些收集个人信息的网站之后，这些软件会自动提醒用户哪些个人信息正在被收集，然后由用户自行决定是否继续浏览。或者，用户可以事先在软件中设定允许收集的特定的信息资料，除此以外的搜集将被禁止。隐私倾向选择平台是一种针对个人网上信息收集问题，利用软件技术的方式，在网络服务商和用户之间达成的电子协议。

④ 安全港模式：安全港模式是一种较新的模式，它主要通过

将行业自律和立法规则相结合的方式来实现。安全港是指某一特定的在线服务商产业公布的关于网络隐私保护的行为指引，这个指引在经过了联邦贸易委员会审查通过后就成为安全港，有关的网络服务商只要遵守了这个指引，就可以被认为是遵守了有关要求，可以免除责任[7]。由于采取了把立法和行业自律结合起来的方式，安全港模式被认为是前景较好的一种保护模式。

1.2.4 市场调节

政府"政策"

美国政府采取的是既有倡导鼓励，又有协调制约的政策倾向。以联邦通信委员会等管理机构为代表，对互联网的管理主要以新自由主义、后凯恩斯主义为指导，强调利用私有资本进行发展，依靠市场驱动，对网络市场倾向于不管制。政府积极为网络发展营造宽松、安全的良好政策环境，并不断加以调整以适应市场变化。如1998年5月14日，美国众议院商业委员会以绝对多数赞成的投票表决通过了3年内禁止州政府和地区政府对互联网征收税费的税收优惠政策。同时，美国政府积极向其他国家提出对互联网免除税收和关税的要求，如1998年的网络税收自由法（Internet Tax Freedom Act），该法案坚决要求制止对网络贸易采取"歧视政策"，杜绝所有不公平的新税种出现。在美国互联网的建设和发展过程中，政府长期在信息基础建设上进行大规模投资，并且，除了美国政府自己进行人力、物力、财力等方面的投入以外，积极吸引私人资本也是美国政府重要的发展策略。政府通过引入和扩大竞争来吸引民间投资，并用优惠政策倾斜的方式调动企业的积极性，以便于充分发挥市场调节的力量。鼓励私人投资就是美国互联网发展计划中的重要方略，在实践中已经取得了显著成效。

另一方面，美国政府虽然倡导企业在信息市场的自由竞争，但也在尽力防止大公司因商业目的而出现对互联网行业的垄断，在竞争市场有利于大公司与大消费集团的情况下，注重保护消费者和中小电信经营者的利益。美国政府也担心一些企业会以网络工具拓展他们对其他工业的垄断，因此不断通过各种手段进行控制和调节，反托拉斯法就是其中一种。涉及互联网的重要反托拉斯案例中就包括对微软、IBM、Intel 等产业巨头的起诉。

以目前的计算机行业巨头微软为例，它已经成为反垄断管理者的主要目标之一。微软公司在其 Windows 操作系统占据了 90% 的市场份额的同时，其总裁比尔·盖茨又投资其他商业集中的领域，如有线电视、广播、照片档案和高速卫星数据网络等。微软的这种"横向 + 纵向"的结合引起了许多人的恐慌。1998 年，美国司法部就曾为了制止微软利用其市场影响力在销售 Windows 操作系统时搭售互联网浏览软件的行为，对微软提起了反垄断诉讼。

1.2.5　企业采取的措施

随着互联网的发展，美国许多大公司实际上控制着基础设施服务、网络安全应用等重要领域。一方面，各大企业积极利用政府的政策扶持，对互联网的信息基础建设进行投资，并在不伤及自身发展的前提下，努力和政府进行配合，共同促进互联网络的发展。譬如 1999 年 3 月，英特尔公司推出了一种设有内置的芯片系列号的"奔腾Ⅲ"处理器。由于这种处理器每个都拥有独一无二的系列号，所以每次只要用户开机联网，"奔腾Ⅲ"芯片就会把系列号自动发往网络商家、管理人员和安全部门。因此这些部门就很容易获得电脑用户的信息。通过这种电脑芯片的系列号，安全部门可以迅速查出用户所在方位以及身份，有关部门不仅可以了解电脑用户的真正身份，还可以对进入网络的用户进行"把关"，从而协助政府防治网络犯罪的发生。另外，通过这种芯片，网络商家还可以很容易地了解到电脑购物顾客和商业贸易顾客的真实身份、所在地等详细资料，从而有利于减少网络欺诈行为的发生。虽然"奔腾Ⅲ"处理器的技术被认为是侵犯了用户的隐私权，遭到了美国国内某些隐私权团体的反对，但仍然得到了美国司法部门和网络商家的强烈支持。

另一方面，在市场规律的前提下，由于追求最大化利润的天性所使，一些大公司以追逐经济利益为最终目标，他们力图使互联网不受国家政府和其他方面的直接控制。而政府为了防止互联网的企业化，防止商业利益对互联网管理和发展的影响而造成互联网丧失民主化本性，会适当地对这些企业进行制约。总之，政府和企业双方从各自立场出发，不断进行一定程度上的斗争与妥协，通过磨合达到一定程度的平衡，促进了互联网的发展。

1.2.6 美国的信息共享

（1）美国信息共享发展概况

20世纪70年代以来，美国信息化的发展速度加快，由于信息资源可以直接地或间接地给信息拥有者带来各种效益，因此，个人、团体、单位和行业从事数据积累及信息应用的行为迅速发展起来。

如何将越来越多的数据信息资源在全社会流动起来，最大限度地发挥数据信息作为资源的作用，同时规范信息数据在管理和社会流动中的行为，成为美国政府当时必须面对的问题。后来他们做出了一系列的决策和行动，使数据信息资源在国家经济发展中发挥了重要作用[8]。因此有必要对美国的信息共享相关政策及其实施加以研究，探索信息共享之路。

1）"完全与开放"的数据信息共享政策

20世纪90年代初美国提出了"完全与开放"的数据信息共享政策，作为美国联邦政府在信息时代的一项基本国策[9]。"信息自由法"和"版权法"为"完全与开放"的数据信息共享政策奠定了法律基础。"完全与开放"的信息共享政策目标是：联邦政府统筹规划国家的数据信息资源的管理，充分发挥各个部门的作用，利用行政、财政、政策和法规全面推进数据信息共享工作，通过数据信息的充分流动和应用激励美国经济的发展，确保美国在 21 世纪信息时代处于世界领先地位。

建设国家级科学数据中心群是美国实现国家信息（数据）长期管理与共享服务的切入点。为此，美国政府同时进行三方面的工作：中心群建设、预算投资和政策法规建设。

建设数据中心的条件是：愿意并且承诺对数据信息的无偿共享、数据维护提供长期服务、具有稳定的数据源，并且在数据汇集、数据归档管理和信息服务方面有一定基础。国家层面上中心分工协作、避免重复。20 世纪 90 年代美国建立了 9 个国家级信息（数据）中心。

2）"完全与开放"的数据信息共享政策的落实

该政策主要通过形成国家级数据信息共享服务网络来落实，而更大范围内的数据信息共享则是由美国总统协调的"全球变化数据和信息系统"项目，它标志着美国数据信息共享从打基础阶段走向了全面推进阶段。

在"完全与开放"政策执行过程中，美国有些议员受到通过市场数据直接获取资金回报的影响，提出将一些经过二次开发的数据纳入市场运行，但遭到绝大多数科学家的强烈反对。1993 年 3 月，美国微生物学会发表致国会议员公开信，强烈建议：任何新的立法既要保护数据信息生产者的权利，同时要满足科学研究和教育对"完全与开放"数据信息共享的要求。因为许多前沿领域的持续发展对数据库有高度的依赖性，不能干扰科学数据信息的"可获得性"，这正是美国能够维持世界高标准的教育和研究的基础。因此将某些二次开发的数据信息纳入版权保护进入市场机制运行的提案没有获得通过。

3）共享政策给美国带来的经济效益

美国实行"完全与开放"数据信息共享政策极大地刺激了美国经济的发展，1991～1995 年美国平均每年经济增长率为 1.6%，1996～2000 年，平均每年经济增长率为 2.7%。在"完全与开放"的数据信息共享政策实施后的十年间，后五年比前五年平均每年多增长 1.1 个百分点。据美国经济学家计算，其中 0.2 个百分点来自计算机和半导体硬件的改进，0.5 个百分点则是由于数据信息的传输和应用产生的效益。

① 气象领域：由于国家气象数据免费共享，发展了气象服务业，在 2001 年 4 月至 2002 年 3 月，气象服务业产值达到 36 亿美元。

② Cisco 数据网络公司，由于数据信息用户的增多和传输量的增大，市场对该公司产品的需求量也随之增大，几乎每 100 天增加一倍。该公司营业额 1998 年为 85 亿美元，1999 年增长到 122 亿美元，2000 年增长到 180 亿美元。国家税收也相应增加。

③ Amazon 图书公司：该公司在网上经营图书，由于推行"完全与开放"的数据信息共享政策，促进了图书出版速度，图书的总量和种类也在不断地增加。Amazon 公司也从中获益，营业额猛增，1999 年比 1998 年增加了 168%，达到年营业额 16 亿美元，客户遍及世界 160 多个国家，每年客户量达 2000 多万人。

④ 美国国家环保局：将每年花费 4 亿美元采集的美国各地环境保护数据公开上网，如饮用水、大气、废物、有毒物等，使公民增强了环保意识，增加了全民对污染的监管力度。也因此联邦政府对环境保护的决策和具体政策的支持率一直维持较高比例。1999 年当"弗洛伊德"飓风靠近美国东海岸时，两天内访问美国飓风研究中心网站的人数就达到 2700 万人，当地民众及时了解飓风路径、强度，有效进行预防，将飓风带来的损失降至最低。

4) 美国开展信息共享的意义

数据信息价值实现的根本途径不是发生在数据信息本身的交易中，而是在数据信息流动和广泛应用的过程中[10]。美国政府正是看到了数据信息最大价值实现方式的特殊性，利用"完全与开放"的共享政策为杠杆，"开通渠道，保障供给"，利用政府做规划，使全社会数据信息共享工作有序进行。

美国政府提供政策和经费保障，使数据信息中心群成为国家信息生产和服务的基地，保障数据信息供给不断，利用网络把数据和信息最便捷、及时地送到科学家、政府职员、公司职员、学校师生以及所有公民的桌上，把全社会都带进了信息化时代。

让每一位公民在数据→信息→知识→理论→决策→效益的各个环节上发挥才华，让民众把数据信息流动过程中和应用过程中的各种价值充分挖掘出来，国家为他们才华的发挥和价值的挖掘创造良好环境。

美国国家利用税收制度收回资金，达到国富民强，这就是美国联邦政府选择的数据信息共享的"大循环"道路。该道路在利益分配上的基本点就是让全社会受益，让整个国家受益。

(2)《2012年美国信息共享与保护战略》

为避免再次遭受类似2001年9月11日的恐怖袭击，美国在信息共享方面已经取得了长足进步。美国情报分析人员、调查人员以及公共安全专家正在共享更多的信息，开展相对于以前来说更加高效的合作。《2012年美国信息共享与保护战略》强调采取手段加强对机密与敏感信息的保护，这有助于各参与部门与机构树立信心并在彼此之间建立互信，只有这样，这些信息才能在授权用户之间共享。该战略立足于三项核心原则：

1) 应把信息视为国家资产，认识到各部门和机构都有能力收集、存储并使用与他们的任务和适用法律职权相一致的信息

各部门与机构已经有了史无前例的能力去收集、储存信息，

并且在符合他们的任务和法定职责的条件下使用这些信息。他们有相应的义务使信息可供任何机构、部门或与国家安全任务相关的合作伙伴使用，并且应以一种合法且能够有效保护个人权利的方式管理这些信息。这需要有一种不断走向成熟的信息安全、访问和保护政策、流程。例如，建立一种企业级的方法，把利益相关者从专注于机构本身的网络和应用程序中解脱出来，提供安全且经过授权的访问信息通道，使信息可在各部门与机构间共享。

在把信息作为一项国家资产管理的同时，要求利益相关者将这些信息提供给有需要的人使用，而且要保证它的安全，不得未经授权或因意外被人利用。虽然信息的原创者要对共享信息的准确性、特征描述和适用性负责，但是在报告或决策中使用这些信息的用户同样需要对使用它的方式承担责任。总而言之，信息的搜集、分析及经各利益相关者传播必须是可发现和检索的，要符合必要的法律约束，并由政府各部门的政策、标准以及管理框架加以约束。

2）确认信息共享与保护由各部门与各机构共担风险

在信息的共享与保护过程中，各部门与机构建立起彼此之间的信任，需要共同承担责任，而不是规避风险。当信息共享采用一种缺乏一致性、片断式的方法，或从单一机构的角度出发实施管理时，国家安全面临的风险就会增加。不过，采用健全的政策与标准、提高认识、开展较为全面的培训、实施有效控制以及强化问责能降低这种风险。企业层面的绩效管理与合规性监控将为信息决策起辅助作用，并将培养一种文化氛围，强调负责任共享的重要性。

共享与安全保障不是相互排斥的，用于信息共享与安全保障的政策、实践和方法能够在实现适当保密性的同时提升信息的透明度。认识到信息共享的好处，利益相关者采取适当的措施在信息共享过程中建立起彼此之间的信任与合作关系，保护信息免受损害，从而降低风险并对这种风险进行有效管理。由于原本数据信息相互孤立，因此需要下大力气改善具备互操作能力的安全保障技术。

3）由信息通知做出决策是核心前提

知情决策需要能够发现、检索并使用准确、相关、及时、有效的信息。同样，美国国家的安全取决于能否使信息更易于被联邦、州、地方、部落、领地、私营部门以及外国合作伙伴依据适当的任务背景以一种可信任的方式获取。《2012年美国信息共享和保护战略》的目标是要通过政策、指导方针、交换标准和通用框架的一致应用，发挥信息共享的作用，同时始终尊重个人隐私与权利。

最终，信息共享的价值将由它对于主动决策的贡献来衡量。上述原则和目标将帮助美国人实现这样一种环境：在该环境中，决策由信息驱动，而且反映各级（从前线人员到机构负责人）的最佳评估结果。

1.2.7 对美国互联网管理体制的评价

为了合理管制互联网的生态平衡，美国通过了很多相关法律。发展至今，美国的互联网法规涉及面已经很广，既有针对互联网的宏观整体规划，也有具体规定细则。其中包括了行业进入规则、数据保护规则、消费者保护规则等。此外，美国通过自身的技术优势，监管互联网中可能的违法犯罪行为，加强技术监管力度，使得犯罪违法行为的隐秘性得不到保障，让基于侥幸心理的犯罪率下降，从而维护互联网的生态环境。但一味地强制管理远没有公民自我管理有效。美国政府同时也提倡自律管理，呼吁公民、公司等互联网相关个人和集体做好自我管理，自觉遵守法律规范，建立良好的、可持续的、成本小效果高的互联网生态环境。

美国的开放性社会结构体系使其拥有了独立自主的、与人权相配套的社会氛围，其社会结构中还包括一种权利与责任机制。

无论是政府对于道德的指引，还是对于行业自律的引导，美国已经相当成熟，而中国在这方面仍然是比较薄弱的。网络的伦理建构及舆论引导已经成为当前世界互联网理论研究的重要阵地，国际上对这个问题的研究也在加强。如何建立更加完善的网络伦理架构，使其更好地促进互联网的发展，是各国都要面对的问题。

1.3　NSTIC 战略框架

2011 年 4 月 15 日美国白宫正式发布实施《可信网络空间身份标识国家战略》（National Strategy for Trusted Identities in Cyberspace，简称"NSTIC 战略"），它是美国建立可信互联网的一份战略规划。该战略明确地提出了建立网络可信生态系统的步骤、指导原则，同时也明确了政府部门和私营机构以及其他主体在身份标识这一过程中扮演的角色和任务。

1.3.1　NSTIC 指导原则

（1）身份解决方案具有隐私保护性和自愿性

身份标识生态系统将建立在公平信息操作原则（FIPPs）得到全面贯彻的基础上，FIPPs 在身份生态系统中的应用将使包括匿名、匿名特征验证、假名和唯一认证标识顺利进行，同时可以提供强大的隐私保护，增加可用性和信任度。理想情况下，身份认证解决方案应当积极保护离线事务的隐私利益，同时减轻其消极影响。NSTIC 明确身份标识生态系统是自愿参与的。政府不会强迫用户必须获得属于身份生态系统的凭证，机构也不会强迫要求用户提供属于身份生态系统的凭证作为唯一的交互工具。用户可以自由选择满足依赖方要求的最低风险的身份生态系统凭证，或者使用由信任方提供的非身份生态系统机制的服务[11]。个人参与身份生态系统将可选择逐日，甚至是逐个交易。

（2）身份解决方案具有安全性和强韧性

身份解决方案在身份标识生态系统中提供安全可靠的电子认证方法，身份解决方式、流程及用于建立信任的验证技术必须是安全的，同时，开放式和协作式的安全标准的使用与可审计安全进程的存在也是至关重要的。身份生态系统内的凭证是依据个人和设备身份验证的可靠标准，可抵御盗窃、篡改、伪造和非法利用，由具备强大的取证能力的供应商根据需求发放。身份认证解决方案会实时检测双方的信任是否被打破，保证服务中断后能及时恢复，并能够适应技术的动态性。

（3）身份解决方案具有互操作性

鼓励互操作性，使服务供应商能够接受一系列的认证和识别，并允许个人将一系列的身份凭证提供给服务供应商，实现身份的可移植性。身份认证解决方案将至少解决两种类型的互操作要求：一是依据明确定义和可测试的接口交流和交换数据的技术互操作性；二是机构采取共同的商业政策和程序在系统间进行相关的传送、接收数据的政策互操作性。

（4）身份解决方案具有经济实用性和易用性

身份生态系统将促进身份识别解决方案减少和消除需要个人持有大量身份凭证的负担。个人仅使用少量的数字身份认证就可获得服务供应商提供的大量服务。组织也不再需要为每一个用户发行和维护凭证。这些身份识别解决方案必须是符合身份和属性的提供商、依赖方及用户的成本效益的。此外，身份识别解决方案应该直观、易于理解和应用，并在技术上易于培训。

1.3.2　NSTIC 任务与目标

（1）建立一个综合的身份识别生态系统框架

1）建立完善的隐私保护机制

NSTIC 将建立加强隐私保护的机制，建立清晰的隐私保护规则和指南，不仅将明确服务提供商和依赖方共享信息的问题，而且还将明确他们什么情况下可以收集用户信息、可以收集用户哪类信息、这些信息如何被管理和使用等。新的隐私保护手段将从应用程序特定的身份信息采集的当前模式转为分布式、以用户为中心的模式，支持以个人的能力来管理一系列网络身份识别个人特征，而不必提供识别数据。联邦政府行政部门将与私营部门共同立法加强个人隐私保护。

2）在已有的风险模型的基础上建立广泛的认证和识别标准

联邦政府将帮助私营部门努力建立符合该战略的风险模型和标准。同时标准的制定应采用公开、透明的方式，充分利用现有的、市场公认的指导原则来评估所需要的身份认证级别，并告知其应寻求与国家标准的一致性。技术和政策标准要保持一致性、互操作性和足够的灵活性，还必须考虑到个人隐私的保护。

3）定义身份认证系统中的参与责任并建立问责制

身份生态系统的架构将确定系统中各个参与者的最低权利和责任，规定不负责任者应承担的后果。在保护个人避免承担无限责任时也应该明确服务供应商承担的责任。联邦政府可能需要建立或修改政策和法律来解决这些问题。

4）建立一个指导小组，管理身份生态系统架构标准的制定和认证过程

指导小组将负责身份生态系统架构管理政策和技术标准的制定，按照本战略的指导原则进行组织和引导，全面、透明、务实地为战略的愿景而努力，同时还将设定标志和衡量标准，这也将确保认证机构验证生态系统架构参与者的身份。

（2）建立和实施身份生态系统

1）身份生态系统要有私营部门的参与

要想实现战略的成功，应该把基于私营部门自愿实施身份生态系统作为一项重要内容来实施。绝大多数的身份生态系统由私

营部门建造，因此需要鼓励私营部门参与身份生态系统的架构和实施身份生态系统。同时，政府应该致力于促进和激励市场创新来支持私营部门参与其中。

2）身份生态系统要有州、郡、部落和地区政府的参与

各级政府都有可能作为身份或属性供应商，也将为用户提供在线服务，同时也将使用别人的服务。因此，州、郡、部落以及地区政府在建立身份生态系统中扮演了重要角色，它们参与身份生态系统有助于系统更好地发挥作用。

3）身份生态系统要有联邦政府的参与

联邦政府在这一领域具有独特的能力，也将参与实施身份生态系统。联邦政府必须继续以身作则，及早采用身份认证解决方案，利用自身强大的购买力来稳定市场，为这些解决方案营造好的市场环境。为配合身份生态系统，政府服务、试点项目和政策的扩展也要加快。

4）加快部署互操作解决方案以实现身份认证生态系统架构

联邦政府不仅要与私营部门和各级组织协调、促进和参与跨部门的互操作试点项目，还要尝试发起和支持试点项目来促进互操作解决方案的实施。最后，联邦政府将通过共享现有的新基础设施，与身份生态系统的其他参与者共同促进互操作性。

（3）强化参与到身份识别生态系统中的信心和愿望

1）提高公众对系统的认识并教育其使用

公共和私营部门将提供意识层面的宣传和教育，以促进生态系统的推广实施，并告知大众如何使用。教育计划将确保个人知道如何获取和使用身份系统凭证。教育和认识是一个重要的领域，联邦政府可以帮助个人、其他各级政府和私营部门。

2）身份认证的其他手段推动身份生态系统的广泛应用

各级政府应确定鼓励私营部门应用身份生态系统的经济激励机制，对于有悖于生态系统的现有方案要进行调整。同时联邦政

府将评估监管措施，并在必要的时候进行更改。

（4）保证身份识别生态系统的长期应用

从长远来看，身份认证生态系统应成为一个自我维持的市场，但公共和私营部门必须按照指导原则继续参与维护、技术革新和国际一体化。

1）通过积极的科技和研发来驱动创新

现状是不断变化的，身份生态系统必须不断改进技术和调整政策以满足新的需求，寻求新的机会，并解决未来的网络空间的威胁。这就要求联邦政府要与国内外学术界和私营部门进行跨学科的科技研发合作。不仅需要持续的战略投资，更需要科学技术的创新与发展。

2）整合国际身份生态系统

鉴于网上商务活动的全球性，身份生态系统不能与国际在线交易及其身份认证方案相隔绝，所以说公共和私营部门要努力实现国际互操作性。身份生态系统的国际一体化很大程度上取决于私营部门的领导力。为了更好地支持私营部门，联邦政府将提高其参与相关国际技术和政策论坛的优先度。

1.3.3 NSTIC 方案策略

（1）NSTIC 可信生态环境架构

身份认证生态系统是一个个人、组织间可以彼此信任的在线环境，因为他们之间的数字身份是通过统一的标准和程序来识别和认证的（组织和设备间也是一样）。同自然的生态系统类似，在统一标准和规则支配的环境下，身份识别生态系统需要不同的组织和个人协同工作，并且发挥各自的作用，履行各自的职责。身份识别生态系统将提供（而不是命令）更强的识别和认证，同时通过限制个人信息的披露来保护隐私。

个人或非人实体（主体）以凭证和属性直接寻找依赖方。主体使用隐私增强技术最大限度地减少向依赖方透露信息。依赖方无须让身份认证和属性供应商知晓主体正在进行的网上交易，就可以直接验证凭据和属性信息，主体会提供属性值（如"我的出生日期是 1974 年 3 月 31 日"）或验证提供给依赖方的属性声明（"我的年龄超过 21 岁"）。依赖方能够验证来自有效供应商提供的凭证和属性，具体实例图如图 1 所示。

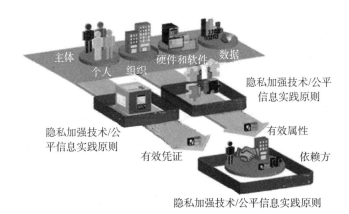

图 1   主体向依赖方提供已验证的凭证和属性声明来授权网上交易

因此，个人可以在其持有的信任标记的辅助下对信任哪个依赖方做出明确的选择，信任标记证明依赖方是否遵照身份生态系统的规定。当个人访问依赖方的网络服务时，信任标记开始生效。

（2）NSTIC 可信生态环境参与者

身份生态系统包括不同交易类型的参与者，以下所指的实体和角色是身份认证生态系统的一部分。所有的角色都由公共和私营组织控制，由某个组织提供跨越多重角色的服务。

个人是从事在线事务的人，是该战略的首要因素。

非人实体（NPE）在身份识别生态系统中可以要求认证。非人实体包括组织、硬件、软件或者服务，在身份识别生态系统中，它们的处理方式与个人非常相似。非人实体可以处理事务或者仅仅简单地支持事务的处理。

属性是某人或某事的内在品质或特征的命名方式，它可以是某人或某事固有的或能够得出的特征（如"简的年龄至少21岁"）。

数字身份是主体在进行网上交易时所拥有的一系列属性。

身份供应商（IDP）负责用程序识别登录主体并建立、维护与主体有关的数字身份并保障其安全。这些程序包括身份审核和校对以及数字身份的撤销、暂停和恢复。身份供应商会核实注册主体的身份。另外，核查和注册可能通过单独的代理承办。

身份供应商负责签发证书，该证书是在事务中为主体提供身份证据而使用的信息实体，它也提供与权力、角色、权利、特权以及其他属性之间的对应关系。

证书可以存储在身份媒体中，身份媒体是用于存储一个或多个与主体有关的证书、声明或者属性的设备或者物体（物理的或者虚拟的）。身份媒体可以以多种形式存在，如智能卡、同 PC 机集成的安全芯片、移动电话、基于证书的软件以及 USB 设备。如何选择适当的证书应视参与主体的风险承受能力而定。

依赖方（RP）依赖主体的认证证书和属性的接收、验证及验收来对事务的处理做出决定。在身份识别生态系统中，依赖方选择并信任它们基于风险和功能要求所选择的身份、证书以及属性供应商。依赖方并不需要结合所有身份媒体的组合，而是相信身份供应商对于合适的明确主体证书的断言。依赖方也需要向主体识别和认证它们自己，这也是身份识别生态系统的一部分。依赖方可以选择认证交易强度和属性来获得他们所需的服务

属性供应商（AP）负责创建和维护身份属性。属性维护包括验证、更新和撤销。作为对依赖方属性需求的响应，属性供应商断言可信的、确认的属性声明。在特定情况下，一个实体可以自己向依赖方发出属性声明。然而，依赖方获得属性断言通常来自可信的第三方提供的可验证的精确属性声明。可信的、确认的属

性声明构成了依赖方认证主体的基础。

参与者是指在给定事务中所有的个人、依赖方、身份媒体、服务供应商以及非人实体的集合。

信任标记是一个能够表明产品或者服务供应商已经通过身份识别生态系统需求并经过权威认证机构认证的标记、标志、图片或者徽标。为了维护信任标记的可信度，信任标记本身必须具有抗篡改、抗伪造的能力；参与者应该能够用肉眼和电子设备验证其真实性。信任标记为组织和个人提供了一个明显的标志，该标志用于帮助组织和个人在选择服务供应商和身份媒体时做出明智的选择。

（3）NSTIC 部门职责

身份生态系统的实施将需要公共部门和私营部门的协同合作。NSTIC 对各部门的职责划定主要有两点：一是公共部门和私营部门各自应承担的作用；二是联邦政府的实施活动，对建立和维持身份生态系统是至关重要的。

1）私营部门的作用

只有私营部门有能力建立和经营完整的身份生态系统，该战略的最终成败取决于私营部门的执行力和创新力。

身份生态系统的主要分工包括：主体、依赖方、身份供应商、属性供应商和评审机构。对于身份生态系统的每个角色，私营部门将支撑其中的大多数。如大多数身份和属性供应商都将是私营部门。

2）联邦政府的作用

联邦政府将支持私营部门的发展，通过一系列举措应用推广身份生态系统，这些举措包括：召开技术和政策标准化研讨会、建立共识、构建公共政策框架、参与国际论坛、资助研究、支持试点项目、开展宣传教育。

联邦政府将与私营部门合作，参与构建身份生态系统框架，以确保其互操作性、安全性和隐私保护性。联邦政府在这一领域的作用是帮助确保最终成果，这也使联邦政府能更好地保护用户个人权益。其中联邦政府必须承担的最重要责任是保护个人隐私。因此联邦政府会确保 FIPPS 有效地贯穿于身份生态系统框架中。联邦政府的职责如下。

① 提倡并保护个人权益；

② 支持私营部门的发展和应用身份生态系统；

③ 与私营部门合作伙伴共同确保身份生态系统有足够的互操作性、安全性和隐私保护性；

④ 提供和接受唯一适合生态系统的服务；

⑤ 以身作则，实践身份生态系统，向内部和外部提供服务；

⑥ 按照策略在服务供应商以及服务的消费者两种角色间转换。

3）国家项目办公室的作用

商务部将设立国家项目办公室，分管收费，协助其他部门实现战略目标，负责战略活动的日常协调，与白宫网络安全协调员密切合作。国家项目办公室具体将发挥以下作用。

① 促进私营部门的参与；

② 为实现战略目标，支持机构间的协作和配合；

③ 为实现愿景，建立必要的政策框架；

④ 确定政府以身作则制定和支持身份生态系统的领域，特别是行政部门作为供应商和验证方的作用；

⑤ 积极参与相关公共和私营部门论坛；

⑥ 评估战略目标、目的的阶段性成果以及相关的活动。

4）州、郡、部落和地区政府的作用

个人与州、郡、部落和地区政府的互动要比与联邦政府的互动更多。身份生态系统可以帮助地方政府降低成本，即使它们增加提供在线服务。与联邦政府一样，地方政府已准备发挥领导力，保护个体，帮助政策标准化，并作为身份生态系统服务的早期应用者进行供应和消费。因此，鼓励州、郡、部落和地区政府支持并参与身份生态系统框架的开发和建设，鼓励这些政府沿袭《FICAM 路线图和实施指导》（FICAM Roadmap and Implementation Guidance）继续努力工作。地方政府有一个独特优势，就是与选民的接触更直接，联邦政府将鼓励他们对个体、小型和本地企业及其他地方组织开展教育和宣传工作。

5）国际合作者的作用

由于从可信身份认证中获益比投入多，许多国家都在努力为网民提供这一认证，部分国家的政策甚至比美国更具实用性。公共和私营部门的国际合作伙伴的参与，对身份生态系统的成功至关重要，而身份生态系统的长期成功也取决于它的国际互操作性。

联邦政府将努力支持私营部门参与国际论坛，提高各部门对这些论坛的关注度。美国与其他国家不同，很多国家已经进行或正在进行国家级的离线和在线身份认证，而联邦政府明确不会要求本国公民参与国家级的身份认证，但将努力帮助私营部门实现与其他国家的政策和技术标准的互操作。

（4）NSTIC 给民众带来的方便与利益

身份生态系统为个人、私营部门、政府带来的好处是密切交织在一起的，并且每一方都会受益。

1）给民众带来的方便

便利：个人将能够轻易地享受网上服务而无须管理多个不同的用户名和密码。

隐私权：个人隐私保护将得到加强。在网上交易过程中，身份生态系统将限制身份认证信息的收集和传播，同时还会限制不法分子跟踪个人的网络交易。

安全：个人可以放心地在线工作和娱乐，无须担心身份信息被盗窃。强大的身份验证技术将限制未经授权的交易，并减少身份信息的传递，降低数据泄露的风险。

2）私营部门获得的利益

创新性：身份生态系统将提供一个平台，可以发展新的或更有效的商业模式。身份生态系统将启用网上联盟与合作的新形式，同时还会促使各组织为私营部门推出新的在线服务，如医疗保健和银行金融，先期的采用者可以利用身份识别生态系统中这一创新的解决方案在市场环境中突出他们的品牌。

高效性：在许多情况下网上交易将会更高效。私营部门会将客户注册登录的门槛降低，提高效率，降低成本。跨域信任将提供大量的潜在客户群体进行网上交易，而且不仅仅是获得潜在的网上交易新客户，还可以消除客户注册的传统壁垒，减少摩擦。可信数字身份的一致性和精确性提高了生产效率，如减少了基于纸张的办事流程，并且降低了账目管理和密码维护的成本，欺诈和身份被盗造成的损失也将会减少。

信任度：可信数字身份将允许组织能够更好地在线展示和保护自己的品牌。身份生态系统参与者也将更加可信，因为他们都会同意身份生态系统隐私保护和信息安全的最低标准。

3）政府获得的利益

选民满意：身份生态系统可使政府扩大其在线服务，以保证其能更有效率和更透明地为选民服务（目前仅向接受此服务的选民提供），而且还将加强整合政府服务提供商之间的合作，向委托人提供服务。

技术创新：可以利用身份生态系统的能力加大创新的力度，如智能电网和卫生信息技术。

促进经济增长：政府对身份生态系统的支持将促进市场创新，创造新的商业机会，并推动美国国际贸易业务进一步发展。

增加公众安全感：提高网络安全将会减少网络犯罪，促进网络和系统的完整性，提高消费者整体安全级别。加强网上信任也将提供一个更有效的国家级应急响应平台。

1.3.4 NSTIC 阶段性发展计划

NSTIC 明确了政府部门和私营机构以及其他主体在身份生态系统建设过程中扮演的角色。其中，私营机构扮演主导角色，负责具体身份生态系统的设计和运营；联邦政府负责支持私营机构的行动，并与私营机构合作确保身份生态系统在互操作、安全、隐私保护等方面达到要求；国家计划办公室负责协调战略实施过程中相关机构的工作流程和具体行动，以及战略的日常协调工作；各州、地方和自治政府也参与到身份生态系统框架的建设中。同时，NSTIC 还采取短期检查和长期检查的方式，督促和跟踪身份生态系统的进展情况：计划 3~5 年内实现身份生态系统初步运营的一些关键目标，如政府与企业的合作情况、隐私保护情况、各主体的参与情况和互操作性的建设情况，以及评估机构和个人是否有机会获得身份生态系统带来的好处；10 年后，身份生态系统基本建成，主要优势完全体现，且能够持续发展。[12]

该战略的成功和身份生态系统的建立可由短期和长期的关键评估指标评定。国家计划办公室负责识别和制定相关各阶段的具体指标。

（1）中期目标规划（3~5 年）

① 主体可以选择可信的数字身份；

② 存在一个正在兴起的市场；

③ 具有可信标记的属性供应商可以验证属性是否有效；

④ 提供的服务包括无须提供唯一身份认证信息就可验证属性是否有效；

⑤ 身份生态系统的注册数目在迅速增长，同时身份生态系统中认证交易的数量也在迅速增长；

⑥ 建立在 FICAM 的基础上，联邦政府部门的所有在线服务都与身份生态系统一致，并在适当情况下，接受至少一家具有可信标记的私营部门身份认证供应商提供的身份认证和电子凭证。

中期建设目标主要在于政策和技术的标准化，因为身份生态系统的初期不会突然开始执行，这些指标的完成标志着身份生态系统在 3～5 年内达到其初始运行能力。上述指标包括身份生态系统的关键方面，可以用来考评机构和个人是否在短期内从身份生态系统获益。

（2）长期目标规划（10 年）

① 所有执行行动都是完整的；

② 所有必需的政策、流程、工具和技术都会到位并持续发展，以支持身份生态系统；

③ 大部分依赖方选择成为身份生态系统的一部分；

④ 经常进行网上交易的美国广大网民需要经过身份生态系统的认证；

⑤ 大部分网上交易是在身份生态系统内部进行的；

⑥ 存在一个可持续的市场；

⑦ 身份生态系统的身份认证和属性服务的提供者完备。

10 年之后，选择采用身份生态系统的机构和个人应该可以看到系统的主要优点。在经历这一阶段之后，身份生态系统的演变将会继续，但系统会开始自我维持，无须过多干预。

1.3.5　NSTIC 计划发展历程

2011 年 4 月 15 日，奥巴马总统公布了网络空间可信身份国家战略的一份文件，该战略旨在改善安全网络和电子商务的交易环境。美国采取了由私营部门主导，美国商务部门进行协调的方式来开发一种自愿的身份凭证，并主要强调了保护公民隐私的问题。

同年 4 月 26 日，白宫网络安全顾问霍华德·施密特在白宫官网上提出 NSTIC 战略的重要性、公平性。面对网络上海量信息的传输，很难去确定个体的隐私是否得到了保护。因此需要的不仅是强有力的政策来实现隐私的保护，还要鼓励民众自主地参与到保护自身隐私的行动中。此前颁布的《公平信息实践原则》文件要求网站在验证用户身份时，只提出必要的验证问题，尽量少地获取用户个人资料。

2012 年 3 月，美国国家项目办公室主办了关于《网络空间可信身份国家战略》的技术研讨会。研讨会的主题主要有隐私管理、信任模型、信息可用性等方面，从而为身份生态系统提出可行的商业模式。为期两天的会议得出四点指导政策：一是注重隐私和自愿；二是注重安全性及弹性；三是注重可互操作性；四是注重成本效益和易于使用。研讨会重点关注框架技术及标准如何帮助生态系统更好实施。

2012 年 3 月 9 日，美国国家标准与技术研究所（NIST）宣布，征求意见建立一个国家可信身份战略的指导小组，政府给予该提案 200 万美元的支持，资金支持将持续 2 年。NIST 高级行政顾问杰里米·格兰特认为这项拨款将有利于建立一个具有私营组织和政府合作性质的身份管理委员会，个人和企业对在线交易的安全性将更有信心。其中有个尤为重要的部门凸现出来——秘书部，秘书部的主要作用是作为多个利益相关者之间的中间人，促进建立多方认可的标准和政策，为身份认证生态系统打下基础。

同年 8 月，身份生态系统指导小组（IDESG）成立，其中包括志愿者公司、组织和个人。他们致力于推动建立标准和政策，加速开发身份生态系统。NIST 为秘书处提供 250 万美元，以支持和促进 IDESG 的工作，并为五个试点项目提供了超过 900 万美元资金支持。五个试点项目分别如下。

（1）美国汽车管理协会（AAMVA）：$ 1 621 803

AAMVA 将和政府合作，与试点项目交叉部门提出数字身份倡议（CSDII）。目的在于产生一个安全的在线身份生态系统，通过加强隐私机制和减少电子商务欺诈的风险来提高网络交易的安全性。除了 AAMVA，CSDII 参与者还包括微软和美国电话电报公司（AT&T）。

（2）标准系统（弗吉尼亚州）：＄1 977 732

该试点项目将允许消费者有选择地分享购物和其他相关的信息，可以降低欺诈和增强用户体验。标准系统项目包括 AOL 公司、CA 技术、FIXMO 公司等。

（3）Daon 公司（弗吉尼亚州）：＄1 821 520

Daon 试点项目主要是研究如何让老年人和所有消费者一样受益。在网络中消费时，可信的生态系统将减少欺诈行为和增强隐私保护，利用智能移动设备最大化消费者的选择权和可用性。试点项目成员包括普度大学、美国机场高管协会等。

（4）具有弹性的网络系统（加利福尼亚州）：＄1 999 371

弹性网络系统项目为了证明敏感的医疗和教育事务在互联网上可以获得病人和家长的信任，通过建立基于隐私加密技术的信任网络来提供安全、可以跨多个行业地满足需要的身份认证。该项目涉及美国医学协会、美国心脏病协会等。

（5）大学互联网研究公司（UCAID）：＄1 821 520

该项目计划建立一个具有一致性和健壮性的隐私基础设施，具有隐私管理人、匿名证书等联合身份验证服务。合作伙伴包括卡内基梅隆大学、布朗大学计算机科学部门、德克萨斯大学以及 MIT 学院等。通过研发软硬件工具来帮助个人保护隐私，增加国家身份生态系统的价值。

2013 年 9 月 17 日，国家标准与技术研究所（NIST）又开展了新的五个试点项目（Exponent、Georgia Tech Research Corporation、Privacy Vaults Online，Inc、ID. me，Inc、Transglobal Secure Collaboration Participation，Inc）支持计划来完善 NSTIC 战略思想。

这些项目涉及多个行业，受益人群包括孩子、父母、退伍军人、在线购物者和所有年龄段媒体社交用户。

2013 年 9 月 23 日，NIST 又拨款 200 余万美元给宾夕法尼亚州和密歇根州，用来测试新的在线身份识别技术，以改善政府服务和联邦援助项目，减少欺诈行为。其中 130 万美元用于发展密歇根州的综合资格系统，系统支持在线注册和登记公民的公共援助需求。该计划旨在帮助消除公民运用简化应用程序访问福利和服务过程中产生的问题，同时减少舞弊和不当支付行为。宾夕法尼亚的项目致力于实现公民可以只登记一次便能访问各种服务，优化了创建多个账户需要多次验证的机制。如果项目研究成功，这些安全性更高的账户将可以进行更多类型的在线交易，在增加便利的同时减少网络欺诈行为。

第2章 其他发达国家网络空间战略

2.1 日本网络空间管理政策

日本作为科技强国，其网络空间发展在世界上占有举足轻重的地位。日本在 2013 年颁布了《网络安全战略最终草案》，并设立"网络防卫队"等机构组织，旨在保护网络空间安全。日本的网络空间安全方案主要是通过立法，细化网络空间角色，建立政府云计算平台，推进信息共享等实施。

2.1.1 日本网络空间安全战略发展史

为了总体协调信息安全发展战略，统一部署与交叉切割各公共部门和私营部门的信息安全基本战略，日本于 2005 年设立"NISC 国家信息安全中心"以及信息安全政策委员会，促进与改善关键基础设施运营商和政府机构的信息安全水平，加强网络攻击应对能力。

2006 年 2 月 2 日，信息安全政策委员会通过了"第 1 信息安全基本计划"，该中长期计划制定了三个阶段的策略：确定了日本全国信息安全的整体目标，即通过利用信息和通信技术促进国民生活水平的提高以及国家经济的可持续发展；确定应对信息安全威胁的信息安全保障在国家政策中的地位；指出各政府机关部门、关键通信基础设备商以及各大企业等各大网络主体应当明确自己的社会分工，并意识到自己的责任，按照各自的位置发挥自身作用。

2009 年 2 月 3 日，信息安全政策委员会通过"第 2 信息安全基本计划"，该计划以促进在紧急情况下快速反应与事后妥善处理为目标，强化各部门的信息安全应急处理能力。

2010 年 5 月 11 日，信息安全政策委员会通过了"保护国民信息安全战略"，旨在建立世界一流的、应对威胁网络空间安全的大规模网络攻击的能力和应对海外大规模攻击导致的网络空间环境变化的能力，保障信息收集和共享系统正常，促进互联网发展建设，加强安全和风险管理。

2013 年颁布了《网络安全战略（草案）》并迅速获得通过，形成《网络安全战略最终草案》。

2.1.2 日本《网络安全战略（草案）》

日本致力于建立"世界上最先进的 IT 国家"，为了创造一个更安全的网络空间，并确保个人信息安全，需要网络空间的所有角色参与进来。因此，在《网络安全战略（草案）》中，日本当局分析了网络环境变化因素以及国内网络空间现状，并基于网络空间的角色进行有针对性的网络安全规划部署。

（1）基本战略框架

在全球网络空间的复杂环境中，国家的安全保障和危机管理、社会的稳定和经济发展、国民信息和财产的安全、网络空间与真实空间的融合与平衡，极大地依赖于网络空间的安全及其可持续性发展，要做到这点的基本思路如下：

确保信息自由流通。日本对国民的言论自由和个人隐私较为重视，认为这两者的保障将给国内带来各种好处，如创新、经济增长以及社会问题的解决，因此，对于互联网开放应用以及信息的流通并没有进行过度的监控与管制。

对严重风险的新应对。草案中规划了基于多层次机制的新方法，促进信息和通信技术的创新，网络空间各主体的分工合作，在事前和事后对变化的风险进行快速准确的应对。

增强对风险的合作应对。草案基本方案是各网络主体：政府机构、关键基础设施公司和个人等，在信息安全的政策措施的指导下，各自以最大的努力来提高应对网络威胁的能力。同时草案也强调了通过信息共享促进威胁分析与处理能力，加强各网络主体与计算机安全事件响应小组间的合作，加强同其他国家的交流。

（2）规划与政策举措

为了能在日本建立一个"充满活力的、可支配的"网络空间，实现国家层面上的网络安全，日本在努力预防网络攻击的同时，国家有关部门和其他私营部门团结协助，争取到 2015 年进一步提高关键基础设施部门和政府机构的网络攻击信息共享系统的覆盖率，进一步扩大计算机安全事件响应小组，恶意软件感染率及人们的网络空间不安全感进一步下降，增强国家间网络攻击方面的对话与合作，增加 30% 的国际合作伙伴的数量。到 2020 年实现缺乏网络保安人员的机构数量减少一半的比例，国内信息安全市场加倍。另外，日本政府强调加强政府审查并尽快制订必要的新计划："政府机构的信息安全保障措施""重要基础设施的信息安全保障措施""信息安全研究与发展战略""信息安全人才培养计划"和"信息安全宣传计划"等。

为了确保网络空间的可持续发展，增强网络攻击的应对能力，日本通过扩大信息共享，对重大网络攻击事件进行分析，建立抵御网络攻击的强硬网络空间，具体举措如下。

1）政府机构的措施

政府机构要履行保护国家机密的责任和义务，按照有关秘密信息的重要程度实施相应的保密措施，针对网络攻击建立信息风险评估程序，政府机构内部要加强统一管理机制。对于国家公务员工作的多样化，如携带自己的设备办公或是远程办公，要进行严格的规定或惩戒，非公开的信息不能在社会性网络服务中出现，以保障信息安全。

政府采取措施解决内部各系统的信息共享问题。具体来说，政府建立一个连通各部门信息系统的云计算平台，要构建一个能够应对大规模灾害和网络攻击的强大的政府信息系统。此外，社会保障、税务识别号码制度、地方政府机构的管理和运作等方面都应该加强信息安全措施，包括推动电子政务公开数据的信息安全。

政府部门信息系统的设计、开发和安装等阶段都要根据信息安全标准进行评估，此外，要加强对包含未能解决的漏洞、潜在的入侵威胁以及嵌入的恶意软件等供应链威胁的应对能力。具体来说，在政府采购环节，应该基于国际安全标准或国内行业标准制定产品安全性评估制度，与其他国家制定国际采购协议，在国际规则的约束下对存在安全隐患的产品进行协商调解。在电子政务等方面，全面推广安全评估机制与加密技术，以保障信息安全。

加强政府部门以外的单位在使用有关国家安全方面的重要信息时的信息安全。对于这些信息，使用者在接受委托、获取信息的时候，要提供确保信息安全的必要担保。希望促进网络攻击事件信息向预定省厅报告，并实现各部门单位之间的信息共享，从防止危害扩大的角度出发，促进事件信息向其法人直辖省厅汇报、法人基于自主判断向相应事件处理省厅报告以及与相关机构信息共享。

2）重要基础设施运营商的措施

重要基础设施是保障国民生活、社会经济运行以及行政活动等持续稳定进行的基础，该领域必须依照作为防护对象的信息系统特性，根据政府机构的信息安全措施来解决问题。

对于故障、攻击、威胁、漏洞等相关信息，继续推进重要基础设施运营机构在 10 个领域中的信息共享机制。此外，重要基础设施营运机构要及时向业务所属省厅报告，并根据自主判断向同行相关机构共享信息，在保护个人信息及秘密信息的基础上进行推进。进而，重要基础设施运营机构之间，以民间组织间的互信关系为前提，推进网络攻击演练，强化针对网络攻击的联合应对能力。

3）公司和科研院所的措施

教育、研究机构的重要信息、公司的商业秘密、个人信息和知识产权信息作为国际竞争力的来源，要通过对网络攻击事件信息的共享，加强认知、分析和处理网络攻击事件的能力。具体来说，促进中小型企业信息交流系统的研发、增加税收优惠、增加信息安全投资等；通过联合的云计算系统促进信息交流，并制定相关准则保障系统信息的安全性；建立攻击事件分析和对策信息的共享平台，构建网络攻击防御模型，并进行实战演练，提高中小型企业应对网络攻击的能力。

企业和科研院所要改善动态响应网络事件的能力，防止危害扩散，推动计算机安全事件响应小组的建设，促进研究所和中小型企业合作，制定相关措施鼓励信息公开和网络攻击事件合作应对。

教育机构当前已经办公自动化并大量使用通信技术，为保证信息的安全性，教育机构应当设置自治的网络维护团队，维护内部网络及应对网络攻击，并在学校普及信息传播知识，提高信息安全意识。

4）网络空间的健康

在真实空间与网络空间进一步融合的情况下，网络空间中的每个实体对恶意软件感染和入侵的预防，对于确保网络空间的健康至关重要。

以一般用户辨别网络危害为目的，对全民进行全面综合的教育，确定每年 2 月为"信息安全月"，每年 10 月为"信息安全国际活动月"，开展一系列与信息安全有关的活动。同时，政府各部门应多开展提升全民族信息安全素质的活动，如和大学以及相关信息安全机构合作，开放信息安全基础课程；新设定"网络卫生日（网络清洁日）"对有功劳的互联网用户进行表彰。

另外，日常网络安全方面，对软件和系统的漏洞，除了需要促进各种互联网定点观测系统的建设，还要促进网络空间脆弱性以及恶意软件感染程度与趋势的可视化。政府机构在网络空间相关的业务方面携手合作，通过改善相关的网络攻击事件的识别和分析能力，提高在整个网络空间应对攻击的能力。

对于网络僵尸、病毒感染等的防治，通过 CCC（网络洁净中心）认证（网络安全认证）来进行，CCC 认证是一个政府与 ISP（网络服务提供商）的公私合作项目（2006 年到 2010 年，在日本国内务省，教育部 IPA 和 JPCERT/ CC 的经济、贸易和工业、电信 – ISAC 合作开展的一个网络内容与软件认证中心）。作为一般网络用户，在遇到恶意软件时要及时举报。接下来，需要建立用于存储散布恶意软件的恶性站点的数据库，用"域"来提醒试图访问该恶意站点的用户，它由 ISP 等构建和运行，这将推动数据库的功能并增强恶性站点检测能力。

5）网络空间犯罪的对策

为了能够处理未来可能在网络空间发生的各种情况，促进私营企业知识的运用，加强网络犯罪的打击力度，加强对于可能影响国家安全的网络攻击的应对能力，有必要进行危机管理，保障安全。

具体来说，对具有专业知识和技能的人进行有效的教育和培训，并开展对于网络攻击事件分析新技术的研究，加强信息收集和分析设备的维护与升级，构建包括网络攻击分析中心、网络攻击特别调查科、恶意软件分析中心等在内的一个高性能互联网观察系统。

利用民营企业等的私有知识，建立一个日本版的国家网络取证和培训联盟（National Cyber – Forensics and Training Alliance，NCFTA，由私营部门、学术机构等组织组成的，进行信息整合、分析网络犯罪以及人员培训的非营利组织），在反病毒厂商间建立一个关于新病毒的信息共享框架。"网络情报不正当通信理事会"要利用信息共享加强与民间私营部门的合作。此外加强网上巡逻，在智能手机上安装相关防护软件，政府和民间共同努力，利用民间私营部门的信息以及对网络事件的调查分析结果，威慑网络犯罪行为。

为了确保网络犯罪的可追溯性，有关运营商要对通信、操作记录等日志进行保存，以保障数字取证工作的开展。特别要考虑以下几个方面的问题：通信记录的保存与通信隐私的关系；安全有效的通信类型；运营商的负担与收益；海外通信日志的保存期限；公众对此的不同意见以及调查网络犯罪时对申请的审查。

另外，警方和检察方要妥善处理网络犯罪，加强执法力度。

6）网络空间的防御

以窃取和破坏国家机密为目标的攻击已经成为外国政府武装袭击的一部分，在处理由外国政府涉嫌发动的网络攻击时，要以整个国家的力量进行应对。

具体来说，正常情况下为了提高对网络攻击相关事件的识别能力，需要网络事件信息等进行收集、共享及深度分析，这些都需要明确分配各机关部门的权责并强化合作体制。

特别地，自卫队等机关部门妥善处理自己系统中的网络攻击是必须完成的任务。在仿真环境中的训练，提高DII（国防信息基础设施）的监控态势，改进网络防护分析仪的警报功能，成立网络防卫队（暂定名），确保具有先进专业知识的人才资源稳定供应，并进一步提高自卫队的网络空间先进技术研发能力。同时，组织整理某些国际互联网法规的适用范围，坚决采用法律的武器维护国家合法权益。

2.2 新加坡网络管理体制

以法治精神著称的新加坡，是世界上推广互联网最早和互联网普及率最高的国家之一，也是在网络管理方面最为成功的国家之一。新加坡从立法、执法、准入以及公民自我约束等渠道加强网络管理，在确保国家安全及社会稳定的前提下，最大限度地保障网民的权利。其网络管理方式主要是：在严格的法律法规基础上，对网络服务提供者及网民实行"轻触式"管理模式，对互联网内容实行严格的审查制度。

2.2.1 管理部门

新加坡把互联网作为一种广播服务进行管理，其主管部门新加坡广播管理局（The Singapore Broadcasting Authority，SBA）成立于1994年10月1日，1996年7月11日宣布对互联网实行管制。

2003年1月，新加坡广播管理局（SBA）、电影与出版物管理局（The Films and Publications Department）、新加坡电影委员会（Singapore Film Commission）三家机构合并，成立了新加坡传媒发展局（Media Development Authority，MDA）。从此，新加坡传媒发展局（MDA）接替新加坡广播管理局，成为互联网的主管机构。

2.2.2 互联网管理规划与法制

新加坡是一个以法治著称的国家，对互联网的管理将国家安全及公共利益置于首位。

早在 1981 年新加坡就开始制定一系列的电脑化与信息科技策略——全国电脑化蓝图，随后又出台全国信息科技蓝图、全联新加坡计划和 IN2015 蓝图，并投入巨资打造"智慧岛"。1996 年，新加坡颁布了《广播法》和《互联网操作规则》来规范互联网秩序。《广播法》规定了互联网管理的主体范围和分类许可制度，《互联网操作规则》明确规定了互联网服务提供者和内容提供商应配合政府要求整改的责任。2005 年 2 月制订了"通信信息安全总计划"，通过加大资金投入，并制定五大措施来加强网络安全，包括对易受攻击的国家基础设施的信息传输开展重点研究、加强安全科技的研发工作等。

《广播法》和《互联网操作规则》两部法规是新加坡互联网管理的基础性法规。根据这两部法规，网络服务的运行和管理模式逐步成型，网络内容中，凡涉及威胁公共安全和国家防务、动摇公众对执法部门信心、煽动和误导部分或全体公众、影响种族和宗教和谐、宣扬色情暴力等的内容都被禁止播发。

此外，新加坡政府还将《国内安全法》《版权法》《煽动法》《维护宗教融合法》等传统法律，与《广播法》和《互联网操作规则》等互联网法规有机结合，打击危害国家和社会安全的行为。完善的法律体系成为"轻触式"管理模式以及严格的网络内容审查制度的前提和基础。

2.2.3 "轻触式"管理模式

（1）基本思想

新加坡传媒发展局（MDA）在管理方针中明确表示："MDA完全对新加坡的互联网发展和网络传播内容负责。在管理互联网方面，MDA 采用一种平衡的、轻度接触的管理方式，以确保网络用户承担最少的责任，同时给网络经营者以最大的操作灵活度。MDA 也鼓励经营者实行自我调节管理，并通过公共教育去弥补这种轻度管理方式的不足。在已经达成一致意见的基础上用户进行自我调节，也就是"自主管理"，即网络和媒体使用者根据国家的法律制度和灵活的纪律约束进行"正确"的选择和判断[13]。

（2）具体措施

新加坡这种"平衡的、轻度接触的"管理方式主要包括分类许可制、接受建议和鼓励行业自律、加强公共教育。

1）对网络服务商的分类管理

根据《广播法》对互联网服务提供商（ISP）和互联网内容提供商（ICP）进行有差别的管理。

一是明确规定了必须在 MDA 进行注册登记的 3 类 ISP，以及各类 ISP 不同的职责和义务，包括必须删除 MDA 所界定的有害网站、新闻组和文章，并且有协助 SBA 对任何违规行为进行检查的义务。二是明确规定了 4 类必须在 MDA 注册的 ICP，不在规定范围内的无须在 MDA 注册。

MDA 指出，注册是为了加强和明确使用网络的责任，在不违反法律规定和不破坏社会和睦的前提下，政治和宗教团体可以自由讨论。与一般的执照审批制度不同，申请网络经营者依《广播法》自动发放执照，网站只要在 MDA 登记，便可直接获得经营执照。登记后的网站自觉根据《互联网操作规则》，自主判断并管理其网页内容[14]。

2）网络提供商的责任与免责

《互联网操作规则》详细规定了服务和内容提供商的责任和免责条款，以防止和及时清除网上出现的有害信息。包括：ISP 必须根据 MDA 提供的"黑名单"禁止用户连接或屏蔽相关网站；ISP 不仅要订购经过 MDA 审查同意的新闻组，而且要删除包含有害信息的新闻组或文章；ISP 必须在 MDA 同意的基础上建立用户守则，保存用户访问的有害信息的站点记录。同时，ISP 有义务帮助 MDA 管理者进入这些被禁止的网站。

另外，为了减轻互联网服务和内容提供商的顾虑和负担，《互联网操作规则》规定了服务和内容提供商的免责条款：一是如果ISP或网络服务转售商在接到MDA的通知后，按要求关闭了含有"禁止内容"的网页链接，即可免责；二是如果ISP或网络服务转售商能按照MDA的要求取消订阅那些含有"禁止"内容的新闻组，即可免责；三是对基于网络服务而建立的私人讨论区（如聊天室），只要保证不去设定"禁止内容"范围内的话题，即可免责。对基于网络服务而建立的公共展示区（如BBS系统），只要在日常编辑、检查的过程中关闭了含有"禁止内容"的链接，即可免责；四是ICP必须按照MDA的要求，关闭含有"禁止内容"的网页。

3）接受建议与鼓励行业自律

接受建议方面，MDA举行定期的对话会议，收集公众的观点和反馈意见，为网络行业提供建议以满足消费者的兴趣和需求。建立于1996年的国家互联网咨询委员会（National Internet Advisory Committee）是新加坡政府专门为互联网的发展和管理而设置的咨询机构，它由来自政府机构、互联网服务提供商、互联网内容提供商、互联网用户以及各有关部门的代表组成，从其全国收集意见，并为MDA提出建议，也为更好地使用互联网及新媒体进行公共教育提出意见。

倡导行业自律方面，MDA鼓励网络行业实行自治，建立自己的评判标准。MDA鼓励ISP和ICP制定自己的内容管理准则。2001年2月，制定完成了一套自愿性质的行业自律规范——《行业内容操作守则》，该守则由公平竞争、自我监管和用户服务三方面内容组成。

4）加强公共教育

MDA认为，有效管理互联网的长远之计在于加强公共教育。1999年11月13日MDA扶持了一个公共教育组织——互联网家长顾问组（PAGI），为公众，特别是为家长提供长期的培训和辅导，协助家长帮助孩子正确地使用网络。到2002年年底，互联网家长顾问组已经组织了40000多名家长参加讲座和培训。同时开发并鼓励使用"家庭上网系统"（Family Access Networks），这一系统的主要功能是过滤色情和不良信息，为不太了解网络和不会使用过滤软件的家长提供解决方案。另外，MDA和国际性机构"互联网内容分级协会"（Internet Content Rating Association）合作，开发新的内容管理工具。

2.2.4 网络内容审查制度

新加坡政府及公众大多认为为了防止有害信息，对互联网实行检查十分必要，并且形成了在法律规范下，由MDA、ISP和ICP共同审查互联网内容的制度。

（1）网络审查内容

《互联网操作规则》明确规定："禁止那些与公共利益、公共道德、公共秩序、公共安全和国家团结相违背的内容。"同时，原有《诽谤法》《煽动法》《维护宗教融合法案》等相关内容也适用于互联网管理。具体来说，新加坡网络规范的内容主要有以下三个方面。

一是公共安全和国家防卫的内容。即任何危害公共安全或国家防卫的内容都禁止在互联网上传播，这些内容具体指：危及公共安全和国家防卫的内容；动摇公众对法律部门执法信心的内容；惊动或误导部分或全体公众的信息；引起人们痛恨和蔑视政府，激发对政府不满的内容。这些规定确保了公众在对政府进行批评时自负其责地发表言论。

二是种族和宗教的内容。破坏种族和宗教和谐的内容受到禁止，包括抹黑和讥讽任何种族或宗教团体的内容、在任何种族和宗教之间制造仇恨的内容、提倡异端宗教或邪教仪式，如恶魔崇拜的内容。

三是有关公共道德的内容。败坏公共道德、与社会主流价值观相违背的内容被禁止，这些内容主要指：含有色情及猥亵的内容；提倡性放纵和性乱交的内容；刻画或大肆渲染暴力、裸体、性、恐怖等的内容；刻画或宣扬变态性行为，如男同性恋、女同性恋、奸污儿童的内容。

新加坡对互联网进行检查的重点是对青少年有害的色情信息，但是随着网络空间中政治争论日趋增多，检查的内容逐渐从色情内容转到政治信息方面。同时，政府任命了一个专门的管理委员会负责在互联网建立 Singapore Infomap 主页，发布有关新加坡的信息，同时驳斥错误信息。

（2）网络审查的原则

新加坡对互联网进行检查时，遵循四项审查原则：一是对进入家庭的资料的检查应严于对进入公司企业资料的检查，政府有关部门在企业信息和非企业信息之间作了区分，供公司企业经营用的信息可以尽可能自由地流动，而对非企业信息，进入家庭的信息则应进行检查；二是针对青年人的信息利用要严于对成年人的信息利用；三是对公共消费信息的检查要严于对个人消费信息的检查；四是对仅用于艺术、教育等目的的资料的检查较为宽松。

这一审查原则体现了新加坡网络管理区别对待的特点，即家庭与公司企业、儿童与成年人、公共大众与个人消费者区别对待。对公司企业需要的信息、为艺术、教育服务的信息类型所做的检查比较宽松，对于纯粹娱乐性的信息检查较为严格。[15]

2.2.5　对新加坡网络管理体制的评价

"轻触式"管理模式最大的受益者是政府部门，尤其是当获得许可的人可以根据一系列准则进行正确"分类"时，政府的互联网监管工作变得更为轻松和高效。对个人或公众网用户来说，则有了一个健康的网络空间，网络暴力、网络攻击的减少大大提高了用户享受网络服务的质量。对网络经营者来说，这种管理方式使消费者有了自由选择的权利，加剧了市场竞争，也极大地增加了服务提供者的管理和审查压力。

新加坡的网络政策并没有受到多少公开反对，公众把注意力放到了网络暴力、色情内容的泛滥上。公众大规模地支持政府审查和禁止有害和反动内容，尤其当政府对儿童和未成年人的保护举措印制成图片加以宣传时。政府部门有权力使公众远离被禁止的网站，无论这些网站是有害于儿童的还是政治异见者的，新加坡一直强调需要靠政府管制网络公共领域。

新加坡的法律法规、管理和宣传模式，使得新加坡人已经逐渐接受了被监控的事实，并自觉地在这种控制之下活动。公众一般与政府部门联系或者从政府网站下载文件进行解读，通过与相关权力部门的联系或对话，来检查审查制实施的效果。由于政策管制的范围分散，违法成本高昂，每个个体和群体都在处理自己行为时为自己负责，处于一种高度自律的状态。

2.3 韩国网络空间管理政策

为了维护网络的健康和安全，保护公民的隐私权、名誉权和经济权益，韩国政府从2002年起就推动实施网络实名制。要想在网上"发言"、申请邮箱或注册会员，都需要先填写真实姓名、身份证号、住址等详细信息，系统核对无误后才能提供相应的账号[16]。但是在2011年12月29日，负责管理电信业的韩国广播通信委员会（KCC）表示从2012年起将逐步废除已实施了4年多的互联网实名制。这也表示世界上第一个也是唯一实行互联网实名制的国家间接承认，网络实名制失败了[17]。

2.3.1　韩国推行网络实名制始末

在网络实名制提上议程之前，韩国发生了一系列发端于网络的隐私侵犯和诽谤风波，在韩国国内引起巨大反响，也令韩国民众开始反思网络暴力，并导致许多人支持互联网实名制，惩罚诽谤者和恶意留言者。

2005 年 9 月，韩国信息通信部举行听证会，提出在大型门户网站实行有限实名制，并要求网民在这些网站的留言板上发表意见时有义务使用实名。当时，相关官员在解释这一政策时，表示此举是为了"减少以匿名进行诽谤等副作用"，并强调"为了不损害网络匿名性的正面作用，制定细则时会把持平衡"。

2005 年 10 月，韩国政府发布和修改了《促进信息化基本法》《信息通信基本保护法》等法规，为网络实名制提供了法律依据。2006 年年底，韩国国会通过了《促进使用信息通信网络及信息保护关联法》，规定韩国各主要网站在网民留言之前，必须对留言者的身份证号码等信息进行记录和验证，否则对网站处以最高 3000 万韩元罚款，并对引起的纠纷承担相应的法律责任。

2006 年，韩国政府着手制定《促进使用信息通讯网与信息保护法》修订案时，着手准备实施互联网实名制。2007 年 2 月，信息通信部的官员在描述即将实行的网络实名制时，称其目的是为了"净化网络文化"，以及"大力治理最近成为韩国社会问题的恶意留言和利用网络侵犯个人隐私现象"，一旦发生法律纠纷，警方可迅速确认用户的真实身份。

韩国从 2007 年 7 月开始实施互联网实名制，其开展过程如下：

韩国的网络实名制又被称为"本人确认制"，具体采用"后台实名"原则：用户在注册登录时必须使用真实的姓名和身份证号，而在前台发布消息时，可以使用化名。从 2007 年 7 月开始，日均页面浏览量在 30 万人次以上的门户网站，以及日均页面浏览量在 20 万人次以上的媒体网站，要求网民用真实姓名和身份证号进行注册并通过验证后，才能在各网站上写帖子和跟帖，共计 35 家。从 2009 年 4 月起，互联网实名制的范围扩展到 153 家日均页面浏览量 10 万人次的主要网站。到 2010 年年初，几乎所有韩国网站都要求网民在注册和评论前必须登记真实姓名和身份证号码。2010 年 4 月，韩国文化体育观光部发布《预防及消除游戏沉迷政策》，明确规定要进一步强化个人身份认证制度。韩国未成年人使用网络游戏都要通过父母的身份证进行登录，以保障未成年人的网络游戏行为是处于监护人的监护之下[18]。

然而从 2010 年开始，反对声音以及由实名制带来的负面影响逐步凸显。2010 年年初，韩国民间团体向宪法裁判所提起诉讼，反映网络实名制侵害用户的匿名表达自由、互联网言论自由以及隐私权。2011 年 7 月，当时韩国一家著名门户网站 Nate 和一家社交网站"赛我网"遭黑客攻击，约有 3500 万名用户（韩国 2010 年的总人口为 4800 余万人）的个人信息外泄，被泄露的资料极为详尽，包括姓名、生日、电话、住址、邮箱、密码和身份证号码。此次事件让民众和政府都意识到网络实名制的巨大危害。同年 11 月，韩国游戏运营商 Nexon 公司服务器被黑客入侵，导致 1300 万名用户的个人信息被泄露。

在 2011 年年底提交给韩国总统李明博的 2012 年业务计划中，韩国广播通信委员会表示将取消这一做法，并禁止网站收集用户身份证号码，彻底检讨在线身份验证制度。

2012 年 8 月 23 日，经八名法官一致同意，韩国宪法裁判所判决网络实名制违宪。判决当天，韩国广播通信委员会表示，将根据审判结果，对相关法律进行修改。至此，实施五年之久的网络实名制，在韩国正式退出了历史舞台。

2.3.2 失败原因分析

（1）韩国网络实名制对规范言论、遏制毁谤未起到明显作用

2010 年 4 月，实名制实施近 3 年后，韩国首尔大学一位教授发表了《对互联网实名制的实证研究》，其中的数据显示，在实施网络实名制之后，网络上的诽谤跟帖的数量从原先的 13.9% 减少到 12.2%，仅减少 1.7 个百分点。另一份由韩国网络振兴院和信息通信部联合进行的调查显示，在实名制实施两个月后，恶意网帖的数量仅减少 2.2%。可见，实名制并未管住网民的"恶意"。调查显示，2/3 曾发布恶意贴的网民对是否使用实名并不在意。出于"法不责众"的心理，他们即便以真实姓名登录，仍会故技重演。同时，不少韩国民众想方设法避开法律，甚至盗用他人的身份证号码进行注册。一种被称为"身份证伪造器"的软件也应运而生，这类软件可以伪造韩国身份证号，骗过网站的身份验证系统。这些"上有政策，下有对策"的做法已使网络实名制失去意义。

（2）韩国网络实名制未能达到保护民众隐私的预期目标

对于实名制，韩国政府的初衷之一是保护民众隐私，显然 2011 年 7 月的用户隐私大量泄露是一个巨大的讽刺。网站掌握海量的用户资料，最终却成为黑客的盘中餐，引发了一场史无前例的网络安全危机。被泄露的个人信息，有可能被不良商家利用，从事电话营销，发送广告邮件，更可能导致账号盗用、侵犯隐私、电话诈骗等难以预料的恶劣后果。

（3）韩国网络实名制在一定程度上扼杀互联网上的言论自由

韩国的民主党也一直借此反对网络实名，认为网络实名制并非一个民主国家所为，认为网络实名制让民众平等而广泛地监督和批评政府的渠道进一步紧缩，言论空间更加逼仄。韩国首尔大学教授的一个研究显示，以 IP 地址为基准，网络实名制前后，网

络论坛的平均参与者从 2585 人减少到 737 人。可见，互联网实名制导致的"自我审查"可能在一定程度上抑制了个人意志在网上的自由表达。

2.4　欧盟网络空间政策

欧盟是一个集政治实体和经济实体于一身，在世界上具有举足轻重影响力的区域一体化组织。欧盟网络安全法律制度一直走在世界前列，甚至美国都在学习其网络法律层面相关文件与精神。

2.4.1　欧盟信息安全法律特点

从 20 世纪 90 年代初的《信息安全框架协议》到 2012 年出台的《欧盟网络安全战略》，欧盟网络安全立法经历了长达 20 多年的修订与改正。如今，欧盟网络法律框架是目前全世界最为完整的、最"接地气"的法律宝典。

欧盟信息安全法律法规，是由欧盟一体化立法、成员国立法、综合立法和专项立法构建的多层次法律体系。其主要优点表现在：欧盟与成员国法律互相补充，同时欧盟法律又凌驾于各国法律体系之上，有"定基调"作用；欧盟的法律分为"软法"与"硬法"，保障了法律在互联网这个虚拟空间中的可实施性；法律分为"框架法律"和"特殊法律"，能有效保护互联网隐私。

2.4.2　对欧盟网络信息安全立法的评价与分析

欧盟网络信息安全立法评价与分析主要针对欧盟法律特点相关内容，以下对欧盟网络立法的特点进行更为细化的说明与解析。

（1）欧盟网络安全法律的权威性

欧盟网络安全法律的权威性主要表现在欧盟法律具有"定基调"特点。由于欧盟组织由多个国家组成，为了促进欧盟互联网的统一融合，欧盟部分法令是由欧盟委员会提出，经过欧盟理事会审查，再送到各个国家进行审批，批准生效后，其法律适用于整个欧洲地区。如 2012 年欧盟出台的《欧盟网络安全战略》就是在整个欧洲层面的法律，具有"定基调"作用。另一方面，欧盟成员国可以在欧盟法律框架范围内设立国家法律作为补充，如1997 年英国与德国先后出台了《数字签名法》与《信息与通信服务规范法》等，英国警察部门设立"网络警察"小组，德国内政部门设立"信息与通信技术中心"，这些都是对于欧盟法律体系的补充。

（2）欧盟网络安全法律的实用性

欧盟网络安全法律的实用性主要表现在欧盟法律分为"软法"与"硬法"。欧盟网络安全法律主要分为条例、指令、决议、推荐意见和建议。其中，条例具有最高法律效力，有普遍适用性和全面的效力。产生巨大影响力的有建立欧洲网络与信息安全局（ENISA）的第 460/2004 号条例。而指令的适用频率最高，通常只针对个别成员国生效，是协调成员国的重要手段。决定、推荐意见与建议仅仅是欧盟就某一问题对成员国提出的建设性意见，对成员国不具有法律约束力，具有"软法"性质。[19]

"软法"的好处在于各成员国可以根据"软法"修改与制定自己本国的相关法律，这对欧洲互联网安全又构建了一道可靠的防线，同时"软法"不具有约束力，又充分适应了互联网世界瞬息万变的特点，将法律权限下放给各个国家，使国家可以根据本国互联网变化特点，实时修订法律法规，抓住互联网发展需求、约束网络不法行为。

（3）欧盟网络安全法律的特殊性

欧盟网络安全法律的特殊性主要表现在欧盟法律一般性与特殊性相结合的原则，既有对保障网络与信息安全宏观的规定，又有对于特定主体的相关规定。主要表现在网络隐私权的保护方面，欧盟采用以法律为主导的网络隐私权保护模式，并采取相应的司法或者行政救济措施，确立了保护自然人的基本人权与自由，尤其是保护个人信息隐私权的立场和方法，并界定了"个人资料"和"个人数据之外"的种类、形式及运作处理方式。还规定了限制个人资料传送至第三国的情形，同时具体明确了欧盟互联网隐私权保护的最低下限，一些成员国遵循指令订立了更高的标准。

2.4.3 《欧盟网络安全战略》

2013 年 2 月 7 日，欧盟委员会颁布了《欧盟网络安全战略：公开、可靠和安全的网络空间》这是欧盟在该领域的首个政策性文件。欧盟网络安全战略设定了网络安全五项原则：欧盟的核心价值同等运用于虚拟世界和现实世界中；保护基本的权利、言论自由、个人资料和隐私；全面的开放性，每个人都能连接互联网，获得未经过滤的信息；民主有效的多元管理，肯定利益攸关方在互联网治理模式中的重要作用；确保安全的共同责任，加强政府、私人部门及公民之间的协调合作。[20]

欧盟的战略主要是将欧盟政府放在了"中间人"的角色上。一方面，该战略希望私营部门与政府积极配合，对于重大事件，私营部门需要向政府提供相关事故描述，而政府则会出台一些激励办法，鼓励私营部门向政府提供事故报告。另一方面，政府又联合欧洲警察局、欧洲防务局将情报共享，为多方联合打击网络犯罪做好协调。该战略将合作与责任紧密结合，强调了私营企业与警察局的重大责任，也再三申明了联合打击网络犯罪势在必行，可以说是为欧洲网络空间安全布下了"千里眼"，套上了"紧箍咒"。但是在战略背后很难看到欧洲协调网络信息安全部门的决心，这也成为战略执行的最大不稳定因素，同样的问题在我国也有体现，本书将在最终的框架方案中详细论述。

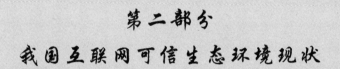

第二部分
我国互联网可信生态环境现状

第3章 我国互联网生态环境现状

本章主要调研我国当前互联网生态系统建设情况，包括我国现有互联网管理模式及相关法律法规、实名制认证、信用机制，我国互联网现有产品组织形式等。

目前我国主要存在的问题是：社会信用机制尚未完善，缺乏战略目标、规划和方案，管理体制和机制滞后，具体来说包括如下内容。

一是国家层面还未形成可信网络空间生态环境建设的战略目标和规划，缺乏一套完整的互联网可信生态环境框架方案。

二是我国实行多头和切块式网络管理。电子商务、金融、电信、网络媒体等各自为政，缺乏统一的认证体系和平台，身份认证、信用等级等数据资源未实现共享，未形成完整的网络空间可信生态环境。切块式管理还容易造成职责不清，责任不明，"推诿""扯皮"，利益多家抢，责任互相推等现象，还易形成无人管理的空白地带，这不仅增加了网络管理的成本和难度，还造成信息资源共享难，管理效率低等问题。在管理机制上，网络管理效果与政府官员绩效没太多关联，地方政府对网络管理缺乏重视和动力，也是网络管不过来、没法管的原因之一。

三是网络空间信用等级低。我国的社会诚信和社会信任体系尚未完全建立，网络信用机制更为缺失，网络欺诈、网络攻击、网络侵权与犯罪事件多发，网络秩序较为混乱。一方面，某些互联网公司出于商业利益和某种不法目的，掠取公民的个人隐私和信息，尤其是在那些外资已占很大份额甚至已控股的互联网公司，此种现象尤为严重，直接影响到网民的信息安全；另一方面，某些网民的不规范行为，很大程度上源于网络空间中网民权利与义务不对等，法律责任无法很好追溯。因此，建立可信身份认证机制，也可为网络责任的可追溯性提供途径。

四是我国信息领域相关法律法规严重滞后。主要表现为至今还没有信息领域内的根本大法，即大多数国家都有的《信息公开法》或《信息自由法》，也没有针对互联网和信息传播的具体法律；现有法律少，部门规章多，行政法规多，以及临时性的行政管理规定或带有决定性的文件多，惩戒力度低，法律效力和执行力大打折扣；现行法律法规框架性东西多，过于简单和笼统，缺乏操作细则，增加了执法难度。

3.1 我国法律管理层面相关状况

3.1.1 我国互联网相关法律法规

（1）层次复杂，法律少，规章多

目前，我国还没有针对互联网信息传播的综合法律。而现在已经制定的法律、法规除了比较分散、不成体系外，另一个重要问题是真正意义上的法律少、部门规章多。从法律的层级关系看，这些法律、法规里只有《中华人民共和国著作权法》是通过全国人大制定的法律，然后是全国人大常委会的《关于维护互联网安全的决定》，接下来是国务院的《计算机软件保护条例》《计算机信息系统安全保护条例》《信息网络传播权保护条例》等，各个部门有60多个规章和司法解释，最后是20多个带有决定性质的专项管理行政通知函。这些法律、法规构成了我国互联网信息传播各个层级的管理体系，层次比较复杂。出台许多临时性的行政管理规定甚或带有决定性的规范性文件，也是我国法规建设的一大特色。同时，由于部门规章所占比例较大，它们的法律效力和执行力也就相对要弱一些[21]。

（2）框架性东西多，缺乏可操作细则

由于互联网技术性特征比较明显，发展速度非常快，我国已制定的法律和法规框架性条文比较多，但是执行细则却比较少，存在与互联网的技术特点结合得不紧密，执行困难等问题。针对时下热门的微博、微信等信息传媒产品，相应的法规建设相对滞后，而现有基于内容管理的法律框架结构在海量信息面前按传统出版模式几乎都不适用。

（3）法律严肃性不够，惩戒力度低

针对现有的网络谣言传播的始作俑者，法律给予的惩罚力度不够，如日本地震核泄漏事件，我国开始了一场全国上下空前的"抢盐"风暴，而这场来源于网络的闹剧，其始作俑者仅受到拘留 10 天，罚款 500 元的处罚。这种不疼不痒的惩治力度不仅没有维护法律的严肃性，反而助长了百姓对于网络谣言传播的侥幸心理，增加了社会的不稳定性。

3.1.2　我国切块式管理模式

（1）地方政府部门缺乏重视

前几年唯 GDP 论，各省争相比赛 GDP 的贡献，到最近几年政府风气有所改观，但是网络依旧是地方政府不愿意去管理的冷窝窝。同时地方政府官员绩效与网络管理没有太多关联，一些干部始终是"网络盲"。

（2）多头管理，信息共享难

我国实行切块式网络管理，这在一定程度上满足了网络管理需要。但是随着网络迅速发展，切块式网络管理开始出现交叉的重复地带以及无人管理的灰色地带，如现有的试听服务，管理部门多达三家，包括工信部、文化部和广电总局。这种多头管理模式造成了利益多家抢，责任互相推，这与中共十八届三中全会习近平总书记强调要避免部门间的互相"推诿""扯皮"现象大相径庭，这不仅增加了网络管理难度，同时也给不良信息的传播提供了可趁之机，给社会稳定带来了安全隐患。多头管理还造成信息共享难，使网络空间难以融合，网络管理难以统一。

3.1.3　我国网络道德文化

网络道德是指以善恶为标准，通过社会舆论、内心信念和传统习俗来评价网民的上网行为，调节网络活动中人与人之间、人与社会之间关系的行为规范。我国网络道德文化相对滞后，主要表现在网络上出现的大量火星文、低俗用语等。主要是因为相关政府部门缺乏对网络道德以及网络行为的权威引导，网络公信力逐渐缺失，主流媒体缺乏尽善尽美的正面宣传。松懈的管理纵容了网络生态环境的恶化，导致网络不文明行为进一步增加，政府媒体更难进行引导，形成一个不断恶化的互联网生态循环链。

3.1.4　网络匿名性

网络匿名性指网络虚拟身份与现实身份不能直接关联的情况，源于网络虚拟身份注册信息的虚假性。网络匿名性助长了网民的侥幸心理，有些网民在网上不计后果发布虚假信息、欺诈信息甚至诋毁国家的言论。网络匿名性导致网络主体真实身份难以被追溯，网络管理部门对于网络虚假信息的处理存在一定的滞后性和盲目性。

3.1.5　网络信用机制

网络信用机制指评定网络主体信用等级的机制，该等级可以直观反映网络主体及其网络行为的可信程度。网络信用机制缺失导致网络主体在网络上发布消息，即使是以真实身份（或可以追溯）注册的网络账号，网络监管部门、运营商、其他网民也难以迅速辨别其发布消息的真伪，加上中国人存在着宁可信其有，不可信其无的性格特点，造成一系列跟风事件发生。以"蛆橘事件"为例，2008 年 10 月下旬的"蛆橘事件"导致了全国各地的柑橘大量滞销，造成直接经济损失超过 15 亿元。

3.2 我国电商信用评价体系

3.2.1 什么是"信用"

中国的汉语构词中与信用相关的概念有很多，如诚信、信任和信誉等。中文中"信用"一词直译英文对应是"credit"，但是英文也有众多与此含义相近的词，如"trust"和"reputation"。有学者认为使用上述不同的词语并不是因为不同学科有不同的用词偏好，而是由于引进"信用"这一西方学术概念时对其界定混乱。诚信、信任与信用分别对应个人、关系与制度。诚信是一种诚实守信的道德规范，属于静态概念，是就个人而言的；而信任包括静态和动态两方面，涉及双方的相互关系；信用反映了一种经济关系，体现为规章制度，靠道德、法律和经济来共同维护。

"信用"一词的含义随着人类社会的发展不断丰富，原始社会时信用只具有伦理学含义，发展到自然经济时期信用有了经济学意义，当前的市场经济条件下"信用"又多了一层法学含义。从社会学和伦理学角度来讲，信用是"相信其他主体未来的行动能够满足我们预期的心理现象"，是人们之间信任的表现形式。作为信用的基础，德国社会学家卢曼（Niklas Luhmann）认为信任是一个社会复杂性的简化机制，人们在社会交往中针对交往双方的行为的相互作用有一个预期，规则和惯例通过对社会行为的规范减少了这种预期的不确定性和复杂性。但是人们毕竟是独立的个体，其行为可能是非理性的，与惯例不相符的。为了克服诸如此类的复杂因素带来的不确定性，人们推定其他人的行为都是这个社会可以接受的，在没有足够的规则和惯例进行规范时，信任就会代替规则和惯例来保证社会交往中的预期结果的实现，这个推定就是信任的本质。

经济学者认为现代社会的信用是一种信任对方的心理活动，是信贷活动，是一种不用即时付款就可以获得某种价值的能力，是规范信用交易、信用活动的制度。也有学者偏向使用"信誉"一词，认为信誉"是指处于一定社会交换关系中的行为主体或当事人（可以是个人，也可以是集体或组织）在长期自我利益计算与践约能力基础上所建立的评价和声誉"。

从法学层面来讲，"信用是指民事主体所具有的经济能力在社会上获得的相应的信赖与评价"，信用的主体不仅包括法人，还包括公民、个体工商户以及其他经济组织；信用的主观因素是民事主体的经济能力，包括经济状况、生产能力、产品质量等方面的综合表现；信用的客观表现是社会的信赖与评价。[22]

而网络信用问题则是上述情况的集合，包括社会学意义上人与人之间的行为预期，经济学意义上的信誉，法学层面的信赖与评价。我们倾向于认为诚信、信誉、信用有不一样的含义，但又相互联系，诚信和信任是建立信用制度的前提，在个人诚信品德基础上构成信任网络容易，但是将信任网络转换成一种信用制度则难，这也是突破电子商务信用障碍面临的重要问题。当前我们呼吁的诚信回归实际上只是建立信任网络的基础，对于信用制度的建立是远远不够的。

3.2.2 什么是"信用评价"

信用评价是构建信用体系的重要环节。网络交易降低了传统意义上的交易成本，如店铺租金、仓储费等，但是也产生了新的交易成本，如交易者身份信息、产品质量信息、网上支付信息、信用记录等都存在不确定性。网络买家无法像在现实生活中一样对货物的品质进行查验，只能依靠卖家单方的描述，并且网上特定买家和卖家之间交易的重复性较低，这使得双边博弈中的惩罚机制无法实施，交易一方可能因无法获取完整的交易信息而丧失信心，网络交易因而遭遇"柠檬问题"。正如经济学家阿克洛夫（Akerlof）在对二手车市场的研究中发现的一样，买卖双方因为对车况掌握的信息不同而滋生矛盾，最后演变成二手车市场的逐渐没落。以淘宝为代表的网络交易平台引入众多机制应对上述问题，如身份认证、第三方支付、信用评价、消费者保障等，其中，信用评价体系作为信用信息传播的重要工具，一定程度上减缓了这种因交易双方信息不对称引起的问题。

信用评价是这样发挥作用的：参与者在交易完成后，根据自身感受互相做出信用信息的反馈，按照不同的指标体系对交易对方的可信任程度进行评价，评价结果可以帮助提炼交易者的行为特征，帮助其他用户判断其信用水平和未来的表现。信用评价机制要想发挥作用不仅仅需要科学严谨的信用评价标准，还需要完善的身份认证、惩罚机制等予以辅助。

国内外很多学者通过实证分析 ebay 和淘宝的数据，认为信用评价系统与交易价格和销量有着紧密联系。如研究 eBay 数据的学者认为，89% 的交易都是一次性交易，ebay 上信用评价系统很大程度上影响买家最终的购买决定。相比起正面评价，负面评价对买家购买的决定以及交易价格的影响更大。学者对淘宝的相关数据研究认为，卖家信用评分低于某一临界点时，买方不关注卖家的信用度；当卖主的信用评分高于某一临界点时，卖方信用度的增加并不会增加其销量。也有学者研究后发现，淘宝上卖家的好评数、中评数、差评数都与交易笔数呈正相关，卖家疯狂追逐好评率以及淘宝的默认好评机制几乎使信用评价体系失去了应有的作用。

3.2.3 我国电商信用评价综述

目前我国电子商务界较为典型的信用模式主要有四种，即中介人模式、担保人模式、网站经营模式和委托授权模式。

（1）中介人模式

这种模式将电子商务网站作为交易中介人。但这里的中介人不是普通意义的"介绍人"，而是以中立的身份参与到交易的全过程之中。可见，这种信用模式试图通过网站的管理机构控制交易的全过程，以确保交易双方能按合同的规定履行义务。这种模式虽然能在一定程度上减少商业欺诈等商业信用风险，但却需要网站有较大的投资设立众多的办事机构，而且还存在交易速度和交易成本问题。

（2）担保人模式

这种信用模式是以网站或网站的经营企业为交易各方提供担保为特征。有些网站规定，任何会员均可以向本网站申请提供担保，试图通过这种担保来解决信用风险问题。这种将网站或网站的主办单位作为一个担保机构的信用模式，最大的好处是网络交易双方降低了信用风险。

（3）网站经营模式

许多网站是通过建立网上商店的方式进行交易活动的。这些网站作为商品的经营机构，在取得商品的交易权后，让购买方将购物款支付到指定账户上，网站收到购物款后才给购买者发送货物。这种信用模式是单边的，是以网站的信誉为基础的，它是需要交易的一方。而对于网站是否能按照承诺进行交易，则需要社会的其他机构进行事后监督。

（4）委托授权式

这种信用模式是电子商务网站通过建立交易规则，要求参与交易的当事人按预设条件在协议银行建立交易公共账户，网络计算机按预设的程序对交易资金进行管理，以确保交易在安全的状况下进行。这种信用模式最可取的创新是电子商务网站并不直接进入交易过程，交易双方的信用保证是以银行的公平监督为基础的。[23]

3.2.4 我国电商信用评价认证

我国电商信用认证调研主要是集中在阿里巴巴旗下的余额宝和淘宝两大主要业务平台，主要涉及对产品的基本介绍、对现有产品的信用评价认证方式及网络上主流媒体对现有产品的初步评价。

（1）余额宝信用认证

余额宝是一款由第三方平台支付宝与基金公司合作的余额增值服务。用户可以将自己闲散的钱放入余额宝中，获得一定的收益。同时余额宝支持随时消费支付与转出，方便了用户网购的需要。

相比较银行而言，余额宝购买的是货币型基金。货币基金是所有基金产品中风险比较低的一类产品，一般用于投资国债、银行存款等安全性高、收益稳定的金融工具，国内货币基金的年化收益率普遍在3%至4%，而活期存款的年收益只有0.35%。简单来说，10万元，通过活期存款一年的收益只有350元，而如果通过余额宝一年的收益可以达到4000元左右。招商银行前行长马蔚华说过，招商银行最大的威胁来自马云。显然，新兴的互联网金融正在一点点蚕食原本属于银行的领地。有观点认为，除了提升客户的账户价值外，余额宝将吸引更多的闲散资金涌向支付宝，势必对银行的业务造成冲击。余额宝有以下几大特点。

操作简单。余额宝服务是将基金公司的基金直销系统内置到支付宝网站中，用户将资金转入余额宝，实际上是进行货币基金的购买，相应资金均由基金公司进行管理，余额宝的收益也不是"利息"，而是用户购买货币基金的收益，用户如果选择使用余额宝内的资金进行购物支付，则相当于赎回货币基金。整个流程就如同给支付宝充值、提现或购物支付一样简单。

最低购买没有限制。余额宝对于用户的最低购买金额没有限制，余额宝的目标是让那些零花钱也能获得增值的机会，让用户哪怕一两元、一两百元都能享受到理财的快乐。

收益高，使用灵活。跟一般"钱生钱"的理财服务相比，余额宝更大的优势在于，它不仅能够提供高收益，还全面支持网购消费、支付宝转账等几乎所有的支付宝功能，这意味着资金在余额宝中一方面在时刻保持增值，另一方面又能随时用于消费。同时，与支付宝余额宝合作的天弘增利宝货币基金，支持 T + 0 实时赎回，这也就意味着，转入支付宝余额宝中的资金可以随时转出至支付宝余额，也可直接提现到银行卡。

余额宝属于阿里巴巴旗下增值服务，其登录方式与支付宝绑定，通过手机、账户或者邮箱加密法方式进行网上登录。其安全保障措施主要包括短信校验服务、数字证书、宝令（手机版）、支付盾、第三方证书等多种身份确认方式。截至 2013 年 12 月 31 日，余额宝的客户已经达到 4303 万人，吸纳金额高达 1853 亿元，累计给用户带来 17.9 亿元的利息，可以说余额宝的安全保障性值得参考借鉴。

（2）淘宝信用评价体系

淘宝信用评价体系由心、钻石、皇冠三部分构成，并成等级提升，目的是为诚信交易提供参考，并在此过程中保障买家利益，督促卖家诚信交易。淘宝会员在淘宝平台上的每一个订单交易成功后，双方都会对对方交易的情况作一个评价，这个评价就是信用评价，它是公平、公正、透明的，是建立网络诚信制度的基础。淘宝会员在淘宝平台的信用度就是建立在信用评价的基础上。该机制不仅可以增加买卖双方在网上进行交易的信心，也能够为消费者提供更多的产品与服务信息。

目前，淘宝创立的信用机制已经成为国内网络零售行业的事实标准，易趣、拍拍等平台都沿用、承认淘宝平台的信用机制，并提供相对应的信用度转化表。国内网络零售消费者已经习惯于用红心、钻石、皇冠的数量来描述网店的可信度。该评价机制对买家身份验证不足，一般 C2C 网络购物网站对卖家身份都有一套身份验证机制，但为吸引更多买家，对买家身份的验证则简单很多，有些甚至不需要进行验证；信用评价没有考虑时间因素，现有的信用评价模型仅起到记录流水账的作用，没有考虑不同历史时期的信用值对信用的不同影响；评价等级设计不准确，信用评价等级设计过于简单，仅设"好评""中评""差评"三档，评价的规则尺度因人而异，无法理性度量；现有指标评分只是评价者对被评价者的一个主观评分，没有一个可以客观反映交易状况的评价指标体系，用户无法了解历史评价者对交易中各因子（如对被评价者态度、商品质量、商品价格、配送速度等）的具体评分，从而不利于新的交易者做出客观的交易决策[24]。

3.3　实名认证

实名认证是对用户资料真实性进行的验证审核，有助于责任的追溯，以便建立完善可靠的互联网信用基础。为了完成互联网可信生态系统的建设，实名认证是在当前互联网信用系统未建立的情况下，必须首先实行的关键环节。利用现实社会中已经完成实名认证的介质来完成互联网用户虚拟身份与真实身份的关联，不仅可以提高网络实名认证的可信度，而且可以大大降低网络实名认证的成本，提高认证的可行性。现实生活中可以进行身份关联的介质有已实名认证的手机、银行账户以及指纹等。

3.3.1　手机实名制

手机实名制是我国落实的一项基础业务。随着现在用户与手机的黏性越来越强，手机实名制已经成为我国日后发展各大主干业务必不可少的实名认证方式。手机实名制调研可以让我们更好地了解现有国家手机实名制运行情况，有助于可信互联网生态系统框架设计。

（1）手机实名制含义

手机实名制就是要求客户在购买手机号码卡的时候出示身份证明证件，同时要求销售者将购买者的资料与号码资料对应登记在册，并将这些资料上传存放在运营商的业务系统数据库中。2013年9月1日开始，我国在全国范围内对新增固定电话、移动电话（含无线上网卡）用户实施真实身份信息登记，严格实行"先登记，后服务；不登记，不开通服务"。2013年12月23日工信部部长苗圩表示进一步巩固提升电话用户实名登记工作，开展地下黑色产业链等网络安全环境的治理，特别是抓好对木马、病毒的防范，对钓鱼网站、移动恶意程序等网络攻击威胁的监测和处理工作也要进一步加强。同时，配合公安机关开展对源头的打击，实现标本兼治。

（2）实施必要性

手机实名制作为短信治理的有效手段之一，其首要的出发点是遏制骚扰、欺诈、色情等各种垃圾短信，还广大手机用户一个安全、可靠、和谐、安心的通信消费环境。同时，手机实名制也是保障社会公共安全和维护消费者权益，建立个人通信市场发展所必需的信用体系。

1）垃圾短信已成为社会公害

垃圾短信是指对接收人没有价值的短消息，它主要包括两大类内容：一类是给消费者带来不悦的各种不良信息；另一类是真假难辨的商业广告和诱人的欺诈短信。我国一年的短信息总量超过3000多亿条，其中有不少是垃圾短信，这不仅占用了有限的网络资源，造成网络拥塞，使电信运营商耗费更多的资源对其进行处理、过滤，还无孔不入地骚扰手机用户，手机用户要花费不必要的时间处理这些短信。同时，那些以欺诈为目的的短信可能使很多分辨力差的手机用户损失大量的金钱。

2）移动通信市场存在大量的"沉默用户"

从运营商的角度来说，我国手机用户近几年持续高增长。但ARPU值的增速却逐渐放缓，甚至出现了下滑。很大一部分原因是目前移动运营商实行的预付费制度，给手机用户带来大量便利的同时，也使"一户多号"的现象普遍存在，使移动通信市场中产生了大量的"沉默用户"泡沫。手机实名制的实施将能够更加准确地掌握用户数，节省号码资源，减少运营商频道资源的浪费。同时，也更加能够反映出ARPU值的真实水平。

3）通信运营商应该承担更多的社会责任

通信运营商是以为全社会提供优质信息服务为目的的社会性企业。因此，必须以广大社会公众的利益为前提，严格地按照法律法规办事，做一个遵纪守法的企业。以自身的良性健康发展为前提，同时赢得企业和社会的协调发展，致力于创造和谐社会，实现可持续发展，是通信运营商的应尽的义务。更重要的是，目前，由于各种原因（如垄断资费，服务差，互联互通不利等），社会公众对各通信运营商颇有微词。适时有效地实行手机实名制，可以获得广大手机用户的信任和好评，还可以帮助企业重塑公众形象、建立良好的品牌口碑，拓展市场并赢得良好的公共关系，增强企业的凝聚力。[25]

（3）条例法规^[26]

第一条 为了规范电话用户真实身份信息登记活动，保障电话用户和电信业务经营者的合法权益，维护网络信息安全，促进电信业的健康发展，根据《全国人民代表大会常务委员会关于加强网络信息保护的决定》和《中华人民共和国电信条例》，制定本规定。

第二条 中华人民共和国境内的电话用户真实身份信息登记活动，适用本规定。

第三条 本规定所称电话用户真实身份信息登记，是指电信业务经营者为用户办理固定电话、移动电话（含无线上网卡，下同）等入网手续，在与用户签订协议或者确认提供服务时，如实登记用户提供的真实身份信息的活动。

本规定所称入网，是指用户办理固定电话装机、移机、过户，移动电话开户、过户等。

第四条 工业和信息化部和各省、自治区、直辖市通信管理局（以下统称电信管理机构）依法对电话用户真实身份信息登记工作实施监督管理。

第五条 电信业务经营者应当依法登记和保护电话用户办理入网手续时提供的真实身份信息。

第六条 电信业务经营者为用户办理入网手续时，应当要求用户出示有效证件、提供真实身份信息，用户应当予以配合。用户委托他人办理入网手续的，电信业务经营者应当要求受托人出示用户和受托人的有效证件，并提供用户和受托人的真实身份信息。

第七条 个人办理电话用户真实身份信息登记的，可以出示下列有效证件之一：

（一）居民身份证、临时居民身份证或者户口簿；

（二）中国人民解放军军人身份证件、中国人民武装警察身

份证件;

（三）港澳居民来往内地通行证、台湾居民来往大陆通行证或者其他有效旅行证件;

（四）外国公民护照;

（五）法律、行政法规和国家规定的其他有效身份证件。

第八条　单位办理电话用户真实身份信息登记的，可以出示下列有效证件之一:

（一）组织机构代码证;

（二）营业执照;

（三）事业单位法人证书或者社会团体法人登记证书;

（四）法律、行政法规和国家规定的其他有效证件或者证明文件。

单位办理登记的，除出示以上证件之一外，还应当出示经办人的有效证件和单位的授权书。

第九条　电信业务经营者应当对用户出示的证件进行查验，并如实登记证件类别以及证件上所记载的姓名（名称）、号码、住址信息;对于用户委托他人办理入网手续的，应当同时查验受托人的证件并登记受托人的上述信息。

为了方便用户提供身份信息、办理入网手续，保护用户的合法权益，电信业务经营者复印用户身份证件的，应当在复印件上注明电信业务经营者名称、复印目的和日期。

第十条　用户拒绝出示有效证件，拒绝提供其证件上所记载的身份信息，冒用他人的证件，或者使用伪造、变造的证件的，电信业务经营者不得为其办理入网手续。

第十一条　电信业务经营者在向电话用户提供服务期间及终止向其提供服务后两年内，应当留存用户办理入网手续时提供的身份信息和相关材料。

第十二条　电信业务经营者应当建立健全用户真实身份信息

保密管理制度。

电信业务经营者及其工作人员对在提供服务过程中登记的用户真实身份信息应当严格保密，不得泄露、篡改或者毁损，不得出售或者非法向他人提供，不得用于提供服务之外的目的。

第十三条　电话用户真实身份信息发生或者可能发生泄露、毁损、丢失的，电信业务经营者应当立即采取补救措施；造成或者可能造成严重后果的，应当立即向相关电信管理机构报告，配合相关部门进行的调查处理。

电信管理机构应当对报告或者发现的可能违反电话用户真实身份信息保护规定的行为的影响进行评估；影响特别重大的，相关省、自治区、直辖市通信管理局应当向工业和信息化部报告。电信管理机构在依据本规定做出处理决定前，可以要求电信业务经营者暂停有关行为，电信业务经营者应当执行。

第十四条　电信业务经营者委托他人代理电话入网手续、登记电话用户真实身份信息的，应当对代理人的用户真实身份信息登记和保护工作进行监督和管理，不得委托不符合本规定有关用户真实身份信息登记和保护要求的代理人代办相关手续。

第十五条　电信业务经营者应当对其电话用户真实身份信息登记和保护情况每年至少进行一次自查，并对其工作人员进行电话用户真实身份信息登记和保护相关知识、技能和安全责任培训。

第十六条　电信管理机构应当对电信业务经营者的电话用户真实身份信息登记和保护情况实施监督检查。电信管理机构实施监督检查时，可以要求电信业务经营者提供相关材料，进入其生产经营场所调查情况，电信业务经营者应当予以配合。

电信管理机构实施监督检查，应当记录监督检查的情况，不得妨碍电信业务经营者正常的经营或者服务活动，不得收取任何费用。

电信管理机构及其工作人员对在实施监督检查过程中知悉的

电话用户真实身份信息应当予以保密，不得泄露、篡改或者毁损，不得出售或者非法向他人提供。

第十七条　电信业务经营者违反本规定第六条、第九条至第十五条的规定，或者不配合电信管理机构依照本规定开展的监督检查的，由电信管理机构依据职权责令限期改正，予以警告，可以并处一万元以上三万元以下罚款，向社会公告。其中，《中华人民共和国电信条例》规定法律责任的，依照其规定处理；构成犯罪的，依法追究刑事责任。

第十八条　用户以冒用、伪造、变造的证件办理入网手续的，电信业务经营者不得为其提供服务，并由相关部门依照《中华人民共和国居民身份证法》《中华人民共和国治安管理处罚法》《现役军人和人民武装警察居民身份证申领发放办法》等规定处理。

第十九条　电信管理机构工作人员在对电话用户真实身份信息登记工作实施监督管理的过程中玩忽职守、滥用职权、徇私舞弊的，依法给予处理，构成犯罪的，依法追究刑事责任。

第二十条　电信业务经营者应当通过电话、短信息、书面函件或者公告等形式告知用户并采取便利措施，为本规定施行前尚未提供真实身份信息或者所提供身份信息不全的电话用户补办登记手续。

电信业务经营者为电话用户补办登记手续，不得擅自加重用户责任。

电信业务经营者应当在向尚未提供真实身份信息的用户确认提供服务时，要求用户提供真实身份信息。

第二十一条　本规定自 2013 年 9 月 1 日起施行。

（4）落实情况

相关规定对违规行为有明确的处罚措施。其中，对新增固定电话、移动电话（含无线上网卡）用户实施真实身份信息登记，严格实行"先登记，后服务；不登记，不开通服务"。电信业务经营者不配合实名登记，由管理机构责令限期改正，并可处 1 万元以上 3 万元以下罚款。

"史上最严实名制"下，消极执行政策，侵害用户权益的情况仅仅是个案还是普遍现象？《民生周刊》记者通过对北京、石家庄、广州等地的调查，发现只有大约 30% 的代销商表达了对新政的"忠诚"，对要求非实名购买卡号的消费者说"不"。

有用户在微博上表示担忧：电话实名制下，一个身份证可开 18 个号码（移动 5 个，联通 2G/3G 各 5 个，电信 3 个）。那么我的身份证号码随时有可能被不良用心之人用来登记买卡，然后干些不法勾当。这又该如何保护我的权利？

凤凰网近期的一项民调数据显示，75% 受访者支持实名制，但 76% 受访者担心实名制后个人信息被泄露。

由于运营商的营业厅数量有限，只依靠自营的营业厅无法大量开展业务，必须发展合作厅、专营店、代理点等社会营销渠道。截至 2013 年 6 月底，三大基础电信企业的各类社会营销渠道共有 200 多万家。

这些社会营销渠道能否严格落实实名登记要求，切实保障用户个人信息安全，是实名制工作中的重点和难点，工信部要求电信运营商按照"谁委托，谁管理，谁负责"的原则，加强对社会营销渠道的管理。

作为市场主体的电信运营企业能否担负起管理或监管的责任？普通公众对实名制后的个人信息保护问题依然有着担忧和疑虑。由于公众的不信任，严格执行实名制对代销商来说也是一种打击。如果严格执行实名制，代销商的生意将很难做。哪怕是简单的实名登记，顾客都会有所顾虑。

由于代销商数量大，三大运营商之间有竞争。运营商如果对代销商严格监管，势必也导致自己利益受损。从这个角度来看，推行实名制，除了有技术上的难度，还有运营商的决心。正是担心影响到自身利益，有些地区的运营商并没对代销商进行真正的严格监管。

（5）分析评价

1）手机实名制带来的影响

大多数手机犯罪使用的都是非实名的预付费手机。如今短信息服务投诉是电信服务投诉中最多的业务，投诉的主要内容是垃圾短信和服务提供者不规范经营。实行手机实名制，旨在遏制违法短信、诈骗短信、色情短信等垃圾短信，规范经营，减少通过手机短信进行违规、违法行为。

移动通信运营商在办理申请者（无论是个人还是集体用户）手机入网手续时，对用户的相关身份证件进行审查。申请者为个人用户的，应当出示有关个人身份证件；申请人为单位的，移动通信运营商应当登记其名称、地址和联系人等事项。另外，在办理完入网手续后，移动通信服务提供者应当向用户提供电话业务收费单据。在为短信息服务业务提供者代收信息费时，应同时向用户提供短信息服务业务提供者的名称、代码和代收金额，并注明"代收费"字样。

推行"手机实名制"后，在短信息的传播过程中，可以保证各个使用环节能够辨别用户身份，使信息发布者、传播者、使用者与最终用户能够获得真实的身份验证，从而达到有效划分信息内容权责的目标[27]。

采用手机实名制并不是减少垃圾短信的根本解决方法，还需要技术上的支持，从源头上控制垃圾短信的发送。理论上说，发送广告短信跟街头派发小卡片没什么分别，所以，很多时候处罚也只会流于形式了，法律跟不上，出现争议时仍然会有真空。

2）手机实名制优缺点

电信专家普遍认为，实施手机实名制不但有利于抑制通信犯罪，让受侵害用户通过法律手段维护自身权益，同时能保障通信安全，让金融、移动支付能安全开展。

第一，推行手机实名制能更好防范短信欺诈、手机诈骗等行为。手机实名制的推行有一个前提，就是公民的个人信息安全应当得到保障。众所周知，由于我国缺乏类似于《隐私权保护法》或《个人信息保护法》这样的法规，因此不少公司或个人将收集到的他人信息资料拿到市场上贩卖获利。那些个人信息资料被泄露的公民，往往受商业推销之苦，在遍地开花的代理商处购买手机卡时，用户的个人信息基本上难以得到保密。而且，由于监管的缺失，也完全无法排除掌握着大量个人信息的运营商泄密的可能。

第二，推行手机实名制对手机支付推广意义重大。著名电信观察家项立刚认为，推动实名制工程浩大烦琐，同时由于假身份证及流动人口庞大等原因，短期难以取得预定的效果，但从长远而言应该实行实名制，"比如手机支付等手段均依赖实名制"。项立刚认为，实名制对 3G 业务的推动将有重要影响。

第三，推行手机实名制有利于运营商。在手机实名制的推进中，运营商是关键的一环。实行手机实名制后，运营商要在技术、设备上进行改动，需耗费大量的人力、物力和资金，短时间内会引起运营商成本的上升，但是若手机实名制处理得好，也能给运营商带来更大的好处，运营商应该支持。

有人认为，手机实名制可能影响手机用户的增长速度，影响运营商的市场开发。其实不然，手机实名制清除的只是如今大量存在的"沉默用户"和影响通信市场健康发展的广告和欺诈行为，以及不合格的 SP 和 CP，消除的是运营商的负担，留下的是占手机用户绝大多数的优质客户，他们的总体消费能力并没有降低，只是被集中起来，运营商的业务量应该不会受到很大的影响。

另外，手机实名制的推行，一方面可以有效地减少用户恶意欠费情况的发生，降低运营商的风险；另一方面它还可以降低手机用户的消费风险，恢复和培养消费者的信心，增强他们使用业务尤其是增值业务的欲望，使运营商获得更大的获利空间。

3.3.2 银行账户与电子银行

随着互联网和电子金融的快速发展，我国银行账户开户数以及电子银行普及率迅速增加，银行卡的市场受理环境逐步改善，但是电子银行的普及率仍然偏低。

（1）银行账户情况

根据央行《2013 年支付体系运行总体情况》最新发布的数据，2013 年银行卡发卡量继续实现平稳增长。截至 2013 年年末，全国累计发行银行卡 42.14 亿张，较上年年末增长 19.23%，增速放缓 0.57 个百分点；全国人均拥有银行卡 3.11 张，较上年年末增长 17.8%，其中，信用卡人均拥有 0.29 张，较上年年末增长 16%。与此同时，银行卡的市场受理环境逐步改善。截至 2013 年年末，银行卡跨行支付系统联网商户 763.47 万户，联网 POS 机具 1063.21 万台，ATM 机 52 万台，较上年年末分别增加 280.2 万户、351.43 万台和 10.44 万台。[28]

数据还显示，截至 2013 年年末，全国共有人民币银行结算账户 56.43 亿户，较上年年末增长 14.93%，增速放缓 4.53 个百分点。其中，单位银行结算账户 3558.06 万户，占银行结算账户的 0.63%，较上年年末增长 12.26%，增速与上年基本持平；个人银行结算账户 56.07 亿户，占银行结算账户的 99.37%，较上年年末增长 14.95%，增速放缓 4.56 个百分点。

从上述数据可以看出，我国银行卡发卡量以及人民币银行结算账户已经远远超出了本国人口的数量。

（2）电子银行情况

据统计，我国电子银行普及率不高，网上银行的使用率也较低，虽然几乎所有的商业银行都很乐意并且都在极力提高网银的普及率。对银行来说，网上银行可以大幅度降低其运营成本，有数据统计，每次网上银行交易的平均成本大约只有 1 分钱，而每次在银行固定实体网点交易的平均成本超过 1 元钱。

据中国金融认证中心（CFCA）在第九届电子银行年会上发布的《2013 中国电子银行调查报告》（以下简称《报告》）显示，2013 年全国地级以上城市城镇用户的个人网银比例为 32.4%，连续 3 年呈增长趋势。《报告》预测 2014 年个人网银用户比例将达到 34% 左右。

另外，在公共事业缴费、航空电子机票等领域，非银行机构的第三方支付平台已经开始和银行网银正面交锋。不过网银覆盖率低的现实，使得商业银行不得不和国内第三方支付平台进行合作。

2013 年中国电子银行用户使用行为及态度调查主要调查了全国 7 大区 35 个地级以上城市和 20 个县级市，分别包括城镇用户和农村用户。其中，个人用户共调查 7234 位用户，包括 6094 位城镇用户和 1140 位农村用户；企业用户共调查了 2007 家企业。

《报告》称，2013 年，全国地级及以上城市城镇人口中，个人网银用户比例为 32.4%，手机银行用户比例为 11.8%，电话银行用户比例为 12.4%，短信银行用户比例为 8.8%，个人网上银行的用户普及率明显高于其他电子银行渠道。

调查结果显示，个人电子银行用户对网上银行的安全感评价明显高于其他渠道。48% 的用户都认为网上银行安全，9% 的用户认为网上银行不安全/非常不安全，超过 20% 的用户都认为另外三种渠道不安全/非常不安全，《报告》称，这主要是由于网上银行普遍采用了 U－Key、电子令牌等安全手段。

2013 年，全国手机银行用户比例为 11.8%，较 2012 年增长近 3 个百分点，呈逐年增长趋势。根据个人手机银行前三年的发展趋势，《报告》预测2014年全国手机银行用户比例将达到15%左右。

在手机银行的使用方式上，调查结果显示，54%的个人手机银行用户使用客户端方式，34%的用户使用过网页版手机银行。手机银行功能使用中，账户查询使用占比为40%、转账汇款为32%、手机支付为18%。

此外，《报告》对企业网银的调查结果显示，与2012年相比，全国企业网银用户比例增长10.5个百分点，连续三年呈增长趋势。2013年企业网银用户比例为63.7%，明显高于手机银行和电话银行。

2013年，平均每家企业网银用户拥有1.6个网银账户，其中亿元以上企业达3.5个网银账户。财务负责人是企业手机银行的主要使用者，这一比例为53%，而45%的企业则由公司高管使用。调查显示，2013年企业手机银行用户比例为6.8%，并且，90%的企业都不需要手机转账功能。

（3）条例法规

根据《中华人民共和国反洗钱法》《个人存款账户实名制规定》（国务院令第285号）、《人民币银行结算账户管理办法》（中国人民银行令〔2003〕第5号）、《金融机构客户身份识别和客户身份资料及交易记录保存管理办法》（中国人民银行中国银行业监督管理委员会中国证券监督管理委员会中国保险监督管理委员会令〔2007〕第2号）等法律制度，各类个人人民币银行存款账户（含个人银行结算账户、个人活期储蓄账户、个人定期存款账户、个人通知存款账户等，以下简称个人银行账户）必须以实名开立，即存款人开立各类个人银行账户时，必须提供真实、合法和完整的有效证明文件，账户名称与提供的证明文件中存款人名称一致。

由于涉及的法律和管理条例较多，在此仅列出中华人民共和国国务院第 285 号令《个人存款账户实名制规定》，规定如下[29]。

第一条　为了保证个人存款账户的真实性，维护存款人的合法权益，制定本规定。

第二条　中华人民共和国境内的金融机构和在金融机构开立个人存款账户的个人，应当遵守本规定。

第三条　本规定所称金融机构，是指在境内依法设立和经营个人存款业务的机构。

第四条　本规定所称个人存款账户，是指个人在金融机构开立的人民币、外币存款账户，包括活期存款账户、定期存款账户、定活两便存款账户、通知存款账户以及其他形式的个人存款账户。

第五条　本规定所称实名，是指符合法律、行政法规和国家有关规定的身份证件上使用的姓名。

下列身份证件为实名证件：

（一）居住在境内的中国公民，为居民身份证或者临时居民身份证；

（二）居住在境内的 16 周岁以下的中国公民，为户口簿；

（三）中国人民解放军军人，为军人身份证件；中国人民武装警察，为武装警察身份证件；

（四）香港、澳门居民，为港澳居民往来内地通行证；台湾居民，为台湾居民来往大陆通行证或者其他有效旅行证件；

（五）外国公民，为护照。

前款未作规定的，依照有关法律、行政法规和国家有关规定执行。

第六条　个人在金融机构开立个人存款账户时，应当出示本人身份证件，使用实名。

代理他人在金融机构开立个人存款账户的，代理人应当出示被代理人和代理人的身份证件。

第七条　在金融机构开立个人存款账户的，金融机构应当要求其出示本人身份证件，进行核对，并登记其身份证件上的姓名和号码。代理他人在金融机构开立个人存款账户的，金融机构应当要求其出示被代理人和代理人的身份证件，进行核对，并登记被代理人和代理人的身份证件上的姓名和号码。

不出示本人身份证件或者不使用本人身份证件上的姓名的，金融机构不得为其开立个人存款账户。

第八条　金融机构及其工作人员负有为个人存款账户的情况保守秘密的责任。

金融机构不得向任何单位或者个人提供有关个人存款账户的情况，并有权拒绝任何单位或者个人查询、冻结、扣划个人在金融机构的款项；但是，法律另有规定的除外。

第九条　金融机构违反本规定第七条规定的，由中国人民银行给予警告，可以处 1000 元以上 5000 元以下的罚款；情节严重的，可以并处责令停业整顿，对直接负责的主管人员和其他直接责任人员依法给予纪律处分；构成犯罪的，依法追究刑事责任。

第十条　本规定施行前，已经在金融机构开立的个人存款账户，按照本规定施行前国家有关规定执行；本规定施行后，在原账户办理第一笔个人存款时，原账户没有使用实名的，应当依照本规定使用实名。

第十一条　本规定由中国人民银行组织实施。

第十二条　本规定自 2000 年 4 月 1 日起施行。

（4）网上银行普及率不高的原因

早在 2007 年工商银行就提出过到 2010 年把 40% 业务都搬到网上的目标计划，不过据了解，即使是网银业务比较先进的招商银行，目前网银比例都不高。究其原因，网络安全是一个重要因素。2009 年 4 月初，上海地区某银行出现千万元存款被挪案，涉案人员就是利用网银业务的漏洞。

从 2008 年起，各大商业银行正式开始和支付宝开展在信用卡等领域全面合作，支付宝公司客户与公众沟通部负责人陈亮告诉记者，目前支付宝已经和国内的 52 家银行开始了合作，包括 19 家全国性银行和 34 家城商行。易观国际发布的数据显示，2008 年中国第三方支付市场中支付宝的交易额份额达到 54.83%。显然，支付宝的渠道对商业银行网银业务的提升作用不可忽视。这也直接影响了网银的全线普及。

而且目前很多人并不愿使用网上银行，除了感到不安全外，还有的是不了解网上银行业务，不懂得使用。所以，要想普及网上银行，需要银行部门多介绍知识，多进行宣传，比如到社区、企业开设讲座，上课培训，引导更多的人认识和使用网上银行[30]。

（5）其在网络身份认证中的分析

个人银行账户从开立便要求户主提供真实、合法、完整的有效证明文件，户主身份的真实性及使用者和户主身份的一致性均较高，这保证了以银行账户作为网络身份识别媒介的可信度。又从上文列举的数据可以看出，银行卡在我国已经全线普及，全国人均拥有银行卡 3.11 张。采用银行账户作为网络身份识别的媒介，将大大降低身份认证系统的成本。

然而，由于银行账户与用户私有财产相关联，频繁长时间使用具备一定的风险，又由于网络银行的普及率比较低，使得以银行卡账户甚至是网上银行认证设备（如 U – Key）作为身份识别媒介对用户的心理冲击较大。

3.3.3　指纹身份识别

（1）基本情况

我国指纹识别技术起步于 20 世纪 90 代初期，较美国、日本等发达国家晚了 10 年左右。当前在我国市场规模较小，但是发展稳定，具有较大利润空间和广阔的发展前景。

1）发展历程[31]

1992 年至 1996 年，约有十家单位先后进入指纹身份识别领域。作为行业的先行者，它们代表了两类投入类型：核心技术持有者（主要是以中国科学院为首的科研院所）和新技术应用推广热衷者（以科研院所投资或参与的公司为主）。此阶段的技术研究和应用方向主要为警用 AFIS 系统和安防领域等。

中国生物识别行业第二波大规模投入发生在 1998—2001 年，因为核心软硬件技术在全球范围内得到长足进展，同时行业门槛也大为降低，随着大批投资者的进入，指纹识别技术的应用领域得到相当大的扩展，中国指纹识别市场也因此进入快速发展阶段。

第三阶段从 2003 年开始至今，中国生物识别技术和产品在商业应用领域占据越来越多的市场份额，其中指纹识别占据主导地位，在很多领域已时常可以看到指纹身份识别技术的应用。与此同时，国外厂商开始转向复杂大系统、多技术融合等中高端产品及应用，这可能成为下一阶段中国生物识别技术的发展方向。

2）市场情况

在中国市场，从 1995 年到 2010 年，指纹识别产品在生物识别技术应用领域始终占有超过 90% 的份额，远远高于掌形识别、人脸识别、虹膜识别、声音识别等其他生物识别技术产品[32]。但是，随着生物特征识别的进一步推广应用，近一两年的数据显示，指纹识别占有份额下降到 80% 左右。

纵然如此，指纹识别市场空间仍然十分巨大。自 2003 年至 2005 年，中国指纹识别行业的市场平均增长率都在 60% 以上，2007 年至 2008 年市场规模为到 3.5 亿元人民币。2010 年以来，受进口和内需收缩的影响，市场的年增长率在 20% 左右。2011 年我国指纹识别产品的销售量在 125 万台（套），销售额 18.55 亿元。2012 年我国指纹识别产品的销售量在 130 万台（套），销售额 17.9 亿元。业内专家估计，未来 5～10 年，国内指纹识别市场尚有近百亿元的空间可开发。

指纹识别技术当前市场规模较小，然而其广阔的市场前景，以及巨大的利润空间将吸引更多的国内外投资，并将对国内安防产业产生巨大的影响[33]。

3）应用领域

根据最初创立的指纹识别市场细分原则，将其市场细分为五大领域：一为商业应用（Commercial Use），主要包括考勤、门禁（企业应用）、锁类和智能卡应用等；二为司法应用（Enforcement Applications），为司法鉴证系统中的指纹身份识别系统；三为公众项目应用（Civil Applications），主要用于医疗、教育、社会保险等；四为公共与社会安全应用（Public Security Applications），如证照（身份证、护照等）系统、出入境控制系统、黑名单追踪系统、敏感岗位任职人员背景调查系统、门禁（高端门禁）系统等；五为个人消费类应用（Consumable Products），主要用于手机及其他个人电子设备中的身份认证。

（2）指纹库

我国在建立全民指纹库方面的工作远远落后于西方发达国家。英国各地警察局共享的全国指纹数据库至今已有109年历史，累积指纹资料将近600万件；在法国申请身份证件时，必须留下全部指纹存盘；新加坡12岁以上的公民必须向相关部门留下指纹。从国外的经验来看，全民指纹库的建立，对身份识别的可靠性、甄别性，建立相关系统的简便性等方面起到了很大的作用，从而节约了资源，在预防犯罪、打击犯罪等方面也取得了非常明显的效果。当前我国较为成熟与完善的是犯罪分子指纹库，主要用于公安机关办理刑事案件时排查有前科的罪犯时，并没有普及所有国民的指纹库。

2012年修订的《居民身份证法》明确规定居民身份证登记项目包括指纹信息。同时，公安部规定从2013年1月开始，全面启动二代居民身份证登记指纹信息，对于首次申领二代证的，在办证时直接登记指纹信息，对已经领取二代证的，在换领、补领证件时登记指纹信息。这些规定和举措，在一定程度上推进了我国公共指纹库的建设进程。

当指纹成为人们生活和工作中重要的组成部分时，各种业务系统，小到煤气交费，大到银行取款，每时每刻都将需要进行指纹认证。就像政府对 CA 证书的管理一样，指纹认证也会发展为"能够提供独立可信的验证服务"的业务，尤其是政府基于对公共指纹库资源的掌握，以及民众的信任，这项服务完全可以由政府牵头开展起来。通过国民统一身份指纹库的建设，为国民人口信息库建立完善的公民生物特征信息库。这一举措也将会在国家出入境、公安刑侦等涉及国家安全领域发挥积极的重要作用。目前政府开办的身份证查询业务，正是这一业务模式的体现。

（3）条例法规

1980 公安部颁布《关于犯罪分子和违法人员十指指纹管理工作的若干规定》，为收录和管理犯罪分子和违法人员十指指纹提供了依据，并规定了捺印指纹的范围，负责捺印罪犯指纹的单位，指纹信息的管理方法以及分析方法等具体内容。

2007 年 11 月公安部发布了《公安机关指纹信息工作规定》，用以加强和规范我国公安机关指纹信息工作，充分发挥指纹信息在侦查破案、打击犯罪以及社会治安管理等工作中的作用。这是我国指纹信息的规范性文件。

公安部刑侦局 2011 年 5 月 30 日向全国公安刑侦部门发出《关于开展指纹自动识别系统认证工作的通知》，对指纹自动识别系统认证的内容、进度安排和刑侦部门的任务提出了具体要求。

公安部规定从 2013 年 1 月开始，全面启动二代居民身份证登记指纹信息，对于首次申领二代证的，在办证时直接登记指纹信息，对已经领取二代证的，在换领、补领证件时登记指纹信息。

建议尽早开展立法调研工作，尽快将制定《中华人民共和国指纹法》列入全国立法计划，以完善我国采集、使用指纹的法律体系，理顺法律关系，尽早建立全民指纹库。

（4）发展趋势分析

1）指纹技术与智能卡结合

智能卡是目前全国范围内使用量最大的个人身份信物，已经被广泛应用于各种业务系统中。但智能卡存在以下缺点：容易丢失，并且不能真正地确认持卡人是否为真正的卡主。如果把智能卡与指纹技术结合，在智能卡中存储个人指纹数据，可以把个人身份与个人信物有机统一起来。在使用时，通过指纹认证确认持卡人身份后，再从卡上读取业务交易所需数据，从而保证了业务交易的安全，又不影响使用的方便性。指纹识别技术一旦与智能卡结合使用，以政府为主导的公共事业领域就可以把各类政府发放的智能卡如身份证、社保卡、医疗卡、通行证、驾驶证等统一为一个指纹智能卡。这将大大方便民众的使用，并促使我国智能卡升级换代。指纹识别技术与银行卡结合的前景广阔，两种技术的结合，除了能够加强现有银行卡的安全度，同时从技术上也可以支持国家关于个人银行存款实名制的推行。

2）指纹技术与手持设备结合

随着智能手机、平板电脑等这一类手持移动设备的发展和普及，人们变得越来越依赖这些手持设备。这些设备也存储了越来越多的个人隐私信息。因此通过指纹保护手机信息安全将是一种趋势。从 1998 年西门子第一个推出指纹手机，到现在苹果的 iPhone5s 指纹手机、三星 Galaxy S5 手机，国内指纹手机厂商有金立，步步高 vivo 等。将指纹识别技术加入网上银行认证设备 U－Key 中，形成新的网上银行身份验证终端指纹 U－Key，它比目前的账号密码验证以及普通 U－Key 验证更为安全。因为完全不需要密码或 PIN 码，使得病毒软件无可乘之机，也杜绝了网银账号盗用的可能。

3）指纹技术在商品交易中的应用

网上购物已逐渐成为年轻人的购物方式，大大促进了第三方电子支付业务蓬勃发展。为了减少信用卡欺诈及盗刷现象，把指纹与银行卡进行绑定，指纹识别技术将被广泛用于支付终端。在国内，指纹支付已经逐步由概念走向实践，我国涉及指纹识别、支付技术的相关公司主要有国农科技、恒生电子、新开普、立佰趣等。美国的一些连锁超市已经推出一种"指纹付款"技术，消费者只需在付款时扫描一下指纹，即可完成支付。

综上，指纹身份认证技术在我国起步较晚，当前在我国市场规模较小，但是发展稳定，具有较大利润空间和广阔的发展前景。又由于我国特有的国情，导致现阶段全民指纹库的工作进展缓慢，指纹管理法规缺失。面对指纹身份识别带来的极大好处，希望有关部门对指纹的采集、管理和应用给予更多的关注。

第4章 各国互联网生态环境比较

根据上述调研内容和结果，对各国在互联网身份认证、法律法规、基础设施和管理机制等方面进行比较，比较结果如表1所示。

表1 各国互联网生态环境比较

项目 国家 （地区）	身份认证	法律法规	基础设施	管理机制
美国	正在实施	全面	完善， 自主性强	政府与市场相辅相成
日本	无	注重安全	移动互联网发达	政府主导、各部门明确分工
欧盟	无	全面、多层次、实用	参差不齐	政府协调
新加坡	无	全面、严格	通信设施发达	政府监管，企业自律
韩国	失败		高速	政府统一规划
中国	开始着手暂无统一布置	不成体系可操作性不强	自主性弱	切块式管理、效率较低

4.1 身份认证方面

2011年4月15日美国白宫正式发布实施《可信网络空间身份

标识国家战略》（National Strategy for Trusted Identities in Cyber-space，简称"NSTIC 战略"），它是美国建立可信互联网的一份战略规划。该战略明确地提出了建立网络可信生态系统的步骤、指导原则。其目标之一是建立一个隐私保护机制健全的、认证和识别技术标准的、具有长期与广泛应用价值的身份识别生态系统，通过完善的监管机制、社会诚信体系和强大的数据资源，间接开展身份认证。NSTIC 战略框架从建立至今，已取得了不错的成效。

此外，韩国是唯一直接开展网络实名制的发达国家。其目的在于维护网络的健康和安全，保护公民的隐私权、名誉权和经济权益。可是由于实现实名制之后，对规范言论、遏制毁谤未起到明显作用，也未能达到保护民众隐私的预期目标，反而在一定程度上扼杀互联网上的言论自由，更导致用户信息大量泄露，因此在 2011 年 12 月 29 日，韩国宣布将逐步废除已实施了 4 年多的互联网实名制。这也表明世界上第一个也是唯一实行互联网实名制的国家间接承认网络实名制失败。韩国网络实名制推行和失败的经验教训值得思考与借鉴。

2012 年年底，我国第十一届全国人民代表大会常务委员会第三十次会议通过《全国人民代表大会常务委员会关于加强网络信息保护的决定》，规定网络服务提供者为用户办理网站接入服务，办理固定电话、移动电话等入网手续，或者为用户提供信息发布服务，应当在与用户签订协议或者确认提供服务时，要求用户提供真实身份信息。2013 年年初，党的十八届二中全会和十二届全国人大一次会议审议通过了《国务院机构改革和职能转变方案》，其中第十三项任务为：出台并实施信息网络实名登记制度，由工业和信息化部、国家互联网信息办公室会同公安部负责，2014 年6 月底前完成。至今，网络管理已形成有限度的实名制度，即前台匿名、后台留身份信息，但是覆盖范围尚未全面铺开。

其他国家暂无网络身份认证方面的重大举措。

4.2　法律法规方面

在互联网络的建设和管理上，美国政府是以一种自由的、非管制的态度大力扶持互联网，因此，在美国，关于互联网络的信息法规其涉及面相对来说较为全面和广泛，既有针对互联网的宏观整体规范，也有微观的具体规定。不过，由于美国实行联邦共和立宪制，各州是相对独立的，因此，各州的管理政策与管理方式不同，但各州在管理其电信事务时，又需要联邦通信委员会等联邦层次机构的合作。当发生分歧时，联邦政府享有管理优先权[34]。

日本政府制定《电讯事业法》《青少年安全上网环境整备法》等一系列法律法规，旨在通过立法，细化网络空间角色，构造内容健康、犯罪率低下的安全的网络空间。

以法治精神著称的新加坡，从立法、执法、准入以及公民自我约束等渠道加强对网络管理。在新加坡拥有一系列严格的法律法规，早在1981年就开始制定一系列的电脑化与信息科技策略，截至目前，新加坡已拥有《国内安全法》《煽动法》《广播法》和《互联网操作规则》等法律法规来规范互联网，以完善的法律体系，为"轻触式"管理模式以及严格的网络内容审查制度提供了便利。

由于欧盟组织由多个国家组成，为了促进欧盟互联网的统一融合，欧盟部分法令是由欧盟委员会提出，经过欧盟理事会的审查，再送到各个国家进行审批，批准生效后，其法律适用于整个欧洲地区。因此，欧盟网络安全方面的法律制度虽然制定周期较长，但是与其他国家相比，具有更好的实用性，以及既有对保障网络与信息安全的宏观规定，又有对于特定主体的相关规定。这主要表现在网络隐私权保护方面的特殊性，在互联网领域具有举足轻重的地位，甚至美国都在学习其网络法律层面的相关文件与精神。

我国互联网相关法律法规的层次复杂，正式的法律文件较少，各部门发布的规章较多。目前，我国还没有针对互联网信息传播的综合法律。其次相关框架性文件多，缺乏可操作细则。存在与互联网的技术特点结合得不够紧密，执行起来难等问题。针对互联网时下热门的微博、微信等信息传媒产品，相应的法规建设滞后。另外，法律严肃性不够，惩戒力度低。针对现有的网络谣言传播的始作俑者，法律给予的惩罚力度不够，如日本地震核泄漏事件，我国开始了一场全国上下空前的"抢盐"风暴，而这场来源于网络的闹剧，其始作俑者仅受到拘留 10 天，罚款 500 元的处罚。这种不疼不痒的惩治力度不仅没有维护法律的严肃性，反而助长了百姓对于网络谣言传播的侥幸心理，增加了社会不稳定性因素。

4.3　基础设施方面

凭借作为互联网发源地的优势，美国拥有全世界最完善的互联网基础设施。在美国除了拥有全世界 13 台根域名服务器中的 9 台、通信设备巨头思科和 PC 机软件开发的先导微软等互联网领域的佼佼者之外，还专门建立总统关键基础设施保护委员会对基础设施进行保护，这都是很多国家包括其他的互联网大国所无法比拟的。而且，在相关政策中，美国鼓励并支持民间企业和各大高校加大对互联网技术的研发和互联网基础设施的建设。

其他一些互联网强国也拥有较为完善的基础设施建设，但是具有不同的侧重点，日本主要注重 DII（国防信息基础设施）和移动互联网的建设；韩国则是注重民用高速网的建设，已具备世界一流的网络设施；新加坡提出全民网络计划，侧重于网络通信方面基础设施的建设，具有亚洲最广泛宽频互联网体系和通信网络；欧盟内部各国均有自己的互联网政策，因此，该地区互联网基础设施发达程度参差不齐，互联网市场也是支离破碎，有待进一步整合统一。

我国的网络基础设施主要靠政府投资建设以及电信运营商根据自身需求建设，已经形成较为完整的网络空间体系，能满足网民和相关部门的应用需求。但是各大企业和研究机构对互联网基础设施的建设较为滞后，较为满足当前网络状况，对新技术的研发和网络的升级缺乏自主性。

4.4　管理机制方面

在互联网络的建设和管理上，美国政府一直扮演的是一个推动者的角色，既非大包大揽，也非不闻不问，对于互联网络的管理，基本上采取一种自由的、非管制的态度，主要做法是对网络数据进行监督，而未对网络言论采取强制措施。目前美国对互联网的调控，一方面是靠政府的引导和制约，制定相关政策引导网络发展方向，另一方面是在市场调节下，企业为了自身的发展而进行的自我规范。两者相辅相成，同时也相互制约，通过磨合达到一定程度上的协调与平衡，促进美国互联网络的健康发展。

在日本，由于政府对国民的言论自由和个人隐私较为重视，认为这两者的保障将给国内带来各种好处，如创新、经济增长以及社会问题的解决，因此，对于互联网开放应用以及信息的流通并没有进行过度的监控与管制。主要是以国家为整体，统一对外的政策，建立网络强国。也正因为这样，互联网上的管理主要是以网络信息安全为主要目标，对互联网参与角色进行较为明确的社会分工，通过国家有关部门和其他私营部门团结协助、信息共享实现的。

新加坡基于其国家完善的法律制度，在网络管理体制方面实现较为独特的"轻触式"管理模式。这种管理模式主要是通过明确网络提供商的责任与免责、接受建议与鼓励行业自律、加强公共教育、网络审查内容等方法，以确保网络用户承担最少的责任，同时给网络经营者以最大的操作灵活度。在政府的努力下，新加坡人已经逐渐接受了被监控的事实，并自觉地在这种控制之下活动，为自己的行为负责。

欧盟方面，政府部门主要放在了"中间人"的角色上，以网络安全、打击网络犯罪为目标，以联合欧盟各国信息和力量为方式。一方面，希望私营部门与政府积极配合，鼓励私营部门向政府提供事故报告；另一方面，政府又联合欧洲警察局、欧洲防务局将情报共享，为多方面的联合出击打击网络犯罪行为做协调。

我国主要采用切块式的管理模式，自上而下层层管理，这在一定程度上满足了网络管理需要。但是随着网络迅速发展，切块式网络管理开始出现交叉以及无人管理的灰色地带，如现有的试听服务，管理部门多达三家，包括工信部、文化部和广电总局。这种多头管理模式造成了利益多家抢，责任互相推，这与中共十八届三中全会习主席强调要避免部门间的互相"推诿""扯皮"现象大相径庭，这不仅增加了网络管理难度，同时也给不良信息提供了传播缝隙，给社会稳定带来了安全隐患。多头管理造成信息共享难，也是现有存在的一大问题，使网络管理难以走向统一化。而且，地方基层政府对网络管理缺乏重视，使得地方网络秩序混乱，网络环境较为恶劣。

第 5 章 调研结论

根据调研，互联网领域中，无论是在基础设施的建设，还是各种管理与安全机制的制定和完善，或者是网络新技术的产生，美国都大幅领先于世界各国。美国不仅拥有齐全的基础设施，还有很完善的互联网管理机制，具体包括互联网立法、技术监管、政府自律引导、市场调节，企业采取的措施和信息共享六个方面，涵盖了美国互联网管理体系的方方面面，为美国网络生态空间的有序运转奠定了坚实的基础。在此基础上，2011 年 4 月 15 日美国白宫公布《可信互联网空间身份标识国家战略》（National Strategy for Trusted Identities in Cyberspace，简称 "NSTIC 战略"），明确地提出了建立网络可信生态系统的步骤、指导原则，同时 NSTIC 战略也明确了政府部门、私营机构以及其他主体在身份认证这一过程中扮演的角色和任务，对我国互联网可信生态环境的规划具有深刻的指导意义。

同时，日本的网络安全战略也值得关注。为保护网络空间的安全，确保网络空间的可持续发展，2013 年日本内阁下属的信息安全中心颁布了《网络安全战略》，该战略从确保信息自由流通，对严重风险的新应对，增强对风险的合作应对三点出发，提出"网络安全立国"，旨在增强应对网络攻击的能力，创建世界领先的强大安全网络空间。另外根据社会分工提出了六方面措施：政府机构的措施，重要基础设施运营商方面的措施，公司和科研院所的措施，网络空间的健康，网络空间犯罪的对策，网络空间的防御。

新加坡是一个以法治著称的国家，同时也是在网络管理方面最为成功的国家之一。其网络管理方式主要是：在严格的法律法规基础上，对网络服务提供者及网民实行"轻触式"管理模式，以及对互联网内容实行严格的审查制度。"轻触式"管理模式主要包括对网络服务商的分类管理、网络提供商的责任与免责、接受建议与鼓励行业自律、加强公共教育四方面内容。

韩国网络实名制的历史经验和教训值得我们借鉴与深思。为了维护网络的健康和安全，保护公民的隐私权、名誉权和经济权益，韩国政府从 2002 年起就推动实施网络实名制[36]，根据网站用户数量划分实名制实施范围，由多到少逐步推进，这种方式值得学习。然而从 2010 年开始，反对声音以及由实名制带来的负面影响逐步凸显。鉴于网络实名制对规范言论、遏制毁谤未起到明显作用，也未能达到保护民众隐私的预期目标，导致大量用户隐私数据泄露，于是在 2012 年 8 月 23 日，韩国宪法裁判所判决网络实名制违宪。至此，实施 4 年多的网络实名制在韩国正式退出了历史舞台。

欧盟信息安全法律具有权威性，实用性，特殊性三大特点。为了营造安全可靠的互联网环境，欧盟内部颁布《欧盟网络安全战略：公开、可靠和安全的网络空间》，这是欧盟在该领域的首个政策性文件，为欧盟网络空间的建设和管理提供基础性指导。

根据调研，当前国际上很少有直接开展网络实名制的国家，仅有的韩国也在 2011 年 12 月 29 日宣布将逐步废除已实施了 4 年多的互联网实名制。这也表示世界上第一个也是唯一实行互联网实名制的国家间接承认网络实名制失败了。这似乎是网络实名制与网络监管的一种倒退。但是建立可信互联网生态系统，却是以美国为首的西方国家一直以来都在紧锣密鼓进行的。

由于西方发达国家，特别是美国、德国等具备较为完善的法律体系以及社会诚信体系，这些国家居民的现实生活与网络生活已经融为一体，同时全国范围内各领域、各部门的信息共享机制极其完善。以美国为例，几乎所有美国人都具有一个唯一的社会安全号码（Social Security number，SSN，也称社会保障号），这组号码最初是为了在社会安全计划内追踪个人的收支账户，后来依赖计算机和互联网的支撑，逐渐成为美国的个人身份识别。许多雇用（工作）、医疗、教育和信任记录都使用社会安全号码作为索引的依据，到 20 世纪末期美国军队也使用社会安全号码作为士兵的识别号码。社会安全号码记录个人生活中方方面面的数据，整个社会已经在诚信系统的基础上形成一个良性循环的生态链。网民不管在社会生活中的哪个环节出现违规违法行为，在以社会安全号为唯一标识的生态链条中即能得到体现，该用户在社会生活的其他方面就会受到影响。可见，这种隐性的网络实名制对互联网用户责任的追溯具有至关重要的作用。

再来看我国的情况，有关互联网法律法规笼统而复杂，涉及具体领域的权威法律少而且多不完善、细致。同时，各级机构出台了很多行政法规，这些法规有的并不具备很强的法律效力，因而执行效果较差。在我国互联网管理层面，多个部门共同管理的现状常常造成部门间的互相"推诿""扯皮"现象，而且还导致各部门间信息共享困难，管理效率大大降低等突出问题。我国的网络安全问题也十分突出，如企业网站的数据常常受到黑客的攻击，个人电脑成为"网络肉鸡"，网络诈骗事件时有发生，别有用心的人士借助网络匿名的平台，发布和传播谣言，甚至发布诋毁国家和人民的言论。

此外，我国的社会信任体系尚未完全建立，社会诚信和网络信任机制均尚未完善，网民自我约束能力差，网络道德文化缺失。在这种情况下，根本无法像西方发达国家那样依靠个人唯一的一个标识（如美国的"社会安全号"）在需要的时候调出其奖惩记录，查看其可信程度。

因此想要在短时间内完成互联网用户责任的可追溯性，以加强对网络舆情的监控及对网络犯罪行为的侦查与打击力度，改善互联网空间秩序，只能在建立网络实名制的同时，大力发展完善我国的信任体系，加快推动互联网以及全社会可信生态系统的建设。

美国 NSTIC 方案主要采用了委托代理人方式，此方法类似于国内中小网站中经常出现的 QQ 认证直接登录方式，避免了防护性能差的中小网站存储用户个人信息，保证了个人信息的安全有效，同时也可以根据具有影响力的大型网站提供的认证直接登录方式来追溯个人行为。

我国当前实名制主要是手机实名认证、银行账户与电子银行，以及指纹身份识别技术。手机实名认证是我国现阶段国家正在提倡与大力推广的一项方案，手机作为生活中必不可缺少的一部分，已经集成了电话、支付、投资等项目于一体，所以我们认为将互联网认证与已实名认证的手机绑定可以增强初始化的安全与可信；银行账户与电子银行从开户即始就进行了严格的实名认证，普通银行账户数量极大，电子银行特别是网上银行也有一定的普及率，银行账户还关联了用户的私有财产，若将互联网认证与银行账户（或网银认证设备）绑定，虽然具有较高可信度，但是存在一定风险；利用指纹身份识别技术，可以方便快捷地进行身份认证，然而指纹识别技术在我国起步较晚，当前市场规模较小，指纹法、全民指纹库以及基础硬件设备均有待进一步发展完善。

根据我国互联网身份认证、法律法规、基础设施和管理机制等方面的情况，与国外相关情况对比，当前我国开展网络实名制尚存在基础条件不成熟等问题，推行时可能会面临诸多阻力，互联网可信生态的建设也需要步步为营，稳步进行。

我们将根据调研结果，借鉴先进国家的相关管理经验，对照国内外相关行业的有效做法，结合我国具体情况，提出符合我国国情、用户可接受的互联网可信生态环境机制。

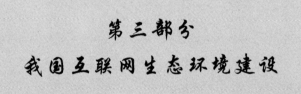

第三部分
我国互联网生态环境建设

第6章 互联网可信生态环境机制

按照中央网络安全和信息化领导小组、国家发改委、工信部等相关领导部门对全国互联网生态环境的统一部署，在利用和调整现有资源的基础上，坚持从国际国内大势出发，总体布局，统筹各方，创新发展，努力把我国建设成为网络强国。

针对互联网出现的新情况和新问题，坚持积极利用、科学发展、依法管理、确保安全的 16 字方针[37]，加大依法管理网络的力度，构建互联网可信生态环境机制，包括互联网生态环境框架中的可信身份认证机制（网络身份信息真实性验证或比对机制），基于网络异构数据的分析和信息共享机制以及用户信任分级制度，为完善国家诚信机制，维护国家繁荣稳定，建设中国特色社会主义社会服务。本书提出互联网可信生态环境机制如图 2 所示。

如图 2 所示，由于网民在不同的门户网站上具有不同的网络账号与昵称，因此，要完成用户的信任分级，建立互联网信任体系，甚至根据发表言论的网络 ID 追溯到个人，则必须先将网络身份归结为网络中的一个唯一标识，一个有效的办法是还原其社会身份，构建身份认证机制进行网络实名制，将其在线身份与现实身份关联起来。因此，可信的身份认证机制成为构建互联网可信生态系统的基础要素之一，在此基础上，通过用户的信任分级制度，确定用户的信任度。但是由于用户在不同门户网站上会具有不同的信任等级，因此，为了使其他网民知道某用户行为和言论

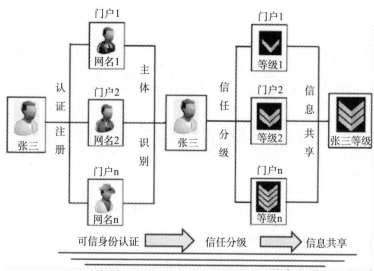

图2 互联网可信生态环境机制示意图

的可信程度，需要采用信息共享机制，将用户在各网站中的信任度综合起来，最后反馈给各门户网站，达到用户信任情况的动态更新和整个互联网生态链的良性循环。

具体而言，网络中主体个人可以在新浪、搜狐等门户网站以及微信、微博等社交网络中注册多个不同的网名，形成多个网络身份并进行信息发布、网络购物等网络行为。通过可信身份认证机制，将这些不同的网络身份还原成一个唯一的网络实体，然后可以使用信任分级制度，网站根据这一网络实体的行为和其他信息对其信任度进行评定，并通过信息共享机制将其信任等级信息分享给其他网站与平台，其他网络实体根据这一网络实体的综合诚信得分来判断其行为的可信程度。

同时，以完善的政策法规为支撑，以严格的监管机制和严密的安全措施为保障，以良好的教育宣传为引导，使整个可信互联网生态达到一个良性循环。由此可见，可信互联网生态机制的三大技术构成要素的运行机制在可信互联网中扮演了重要角色。

此外，上述互联网可信生态环境机制的构成要素包括可信身份认证机制、信任等级和信息共享三种技术机制，为了更好地进行阐述与方案设计，考察互联网的各参与角色在可信互联网生态构成各要素上的现状、问题，如图3所示，我们在每一个交叉点上对前面提出的问题进行分解，结合国内外实践经验，提出符合我国国情、用户可接受的互联网可信生态环境机制，对用户体验、主体需求、行政成本与代价进行评估。

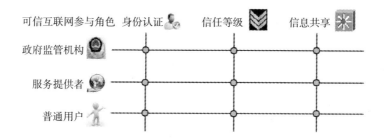

图3　方案设计的问题考察点

互联网参与角色主要有三大类：政府监管机构，包括网络政策制定部门、网络管理部门以及各类评审机构等；服务提供者，包括各类电信运营商、网站信息服务商、网络服务提供者等；广大的普通网络用户。这三类角色在各构成要素中具有不同的需求及作用，项目组主要从政府监管机构的角度出发进行阐述，兼顾用户体验，提出相应的框架机制。

第7章　构建方案

7.1　可信身份认证机制

7.1.1　网络实名制

（1）为什么要实行网络实名制

互联网作为一个虚拟的世界，其最大特点就在于"匿名"，部分人认为匿名性是互联网最可爱的地方，也是网络空间自由的基本条件。但从另一个方面辩证来看，真实世界里的法律对每个人进行约束，这种约束的目的和它最后的结果，使社会里的每个人有一定限度的自由。同样，网络实名制限制的是那些别有用心者的自由，而对大多数网民来说则是更好地保护。实名制维护了网络的秩序，有秩序的自由才是真正的自由。在现实世界与互联网生态环境中，人的心理和心态都是共同的，建立一个用以确保责任可追溯的可信身份认证机制，将用户在线身份与社会身份关联起来，并不会动摇互联网的根基，相反，随着互联网产业发展，网络虚拟世界与真实世界已经变得密不可分，尤其当涉及交易、支付以及医疗保险等用户的切身利益受到侵害的时候，往往需要借助真实世界的权力机关（如公安和司法）解决问题。

目前我国互联网秩序混乱，网络欺诈、网络攻击等网络侵权与犯罪事件多发，很大程度上是由于在网络虚拟世界中，用户的权利与义务不对等，网络责任无法很好追溯所致。靠道德来约束网民的各类行为在很多情况下是苍白无力的。因此，需要在道德约束的同时，结合技术、行政、刑事处罚等手段，建立一种可信身份认证机制，为网络责任的可追溯性提供途径。

此外，在构建互联网可信生态环境机制中，对网络主体的信任评级必须得有一个评级的对象，而同一个网民在不同网络社区中具有不同的 ID 号，若这些 ID 号无法定位或还原到该网民，则信任评级无从谈起。因此，需要实行网络实名制，将用户在线身份与社会身份关联起来。

（2）外国网络实名制开展情况

根据调研报告，美国实行《可信互联网空间身份标识国家战略》的目标之一是建立一个隐私保护机制健全的、认证和识别技术标准的、具有长期与广泛应用价值的身份识别生态系统，通过完善的监管机制、社会诚信体系和强大的数据资源，间接开展身份认证。NSTIC 战略框架从建立至今，已取得了不错的成效。大部分西方发达国家都在借鉴与学习美国的这种做法。

韩国是少数直接开展网络实名制的国家，其初始目的在于维护网络的健康和安全，保护公民的隐私权、名誉权和经济权益。可是由于实现实名制之后，对规范言论，遏制诽谤未起到明显作用，也未能达到保护民众隐私的预期目标，反而在一定程度上扼杀互联网上的言论自由，更是导致用户信息大量泄露。因此在 2011 年 12 月 29 日，韩国宣布将逐步废除已实施了 4 年多的互联网实名制。这也表示世界上第一个也是唯一实行互联网实名制的国家间接承认，网络实名制失败。韩国网络实名制推行和失败的经验教训值得思考与借鉴。

（3）我国网络实名制开展情况

2012 年年底，第十一届全国人民代表大会常务委员会第三十次会议通过《全国人民代表大会常务委员会关于加强网络信息保护的决定》，规定网络服务提供者为用户办理网站接入服务，办理固定电话、移动电话等入网手续，或者为用户提供信息发布服务，应当在与用户签订协议或者确认提供服务时，要求用户提供真实身份信息。

2013 年年初，党的十八届二中全会和十二届全国人大一次会议审议通过了《国务院机构改革和职能转变方案》，其中第十三项任务为：出台并实施信息网络实名登记制度，由工业和信息化部、国家互联网信息办公室会同公安部负责，2014 年 6 月底前完成。

至今，网络管理已形成有限度的实名制度，即前台匿名、后台留身份信息。微博和各类论坛上，一些网民觉得这是限制网络自由，并且担心隐私被泄露；另一些人则认为网络自由已被滥用，需要进行必要的规范与限制。反对实名制最多的领域为网络游戏，反对者高达 90%。一些专家则认为，实施网络实名制后，打击造谣生事者可能更方便，但恶意的人肉搜索也更方便了。

7.1.2 可信身份认证机制及基本构建措施

根据上文所述，为保证网络事件和网络主体责任的可追溯性，在已经开展相关工作的基础上，构建对网络主体进行身份实名认证，为网络生态中主体的信任分级奠定基础。

目前，网络实名制可以分为前台实名制与后台实名制。前者要求网民用真实的社会身份注册，强制性地要求网民披露社会身份与虚拟身份之间的映射关系。而在后台实名制中，网民无须将自己的社会身份公之于众，只需要在注册时填写部分用以验证真实身份的信息，将其社会身份与在线身份之间的映射关系备案于某个数据库中以备查验，网民在网络社区中可以匿名或者使用虚构的网名社区进行活动。这样，在通过身份验证后，网民可以用代号、登录名等替代自己的真实姓名发布信息，这属于后台实名制。[38]

　　吸取韩国网络实名制的经验和教训，并考虑网民的心理接受情况，项目组认为应当采取后台实名制的方式，构建网络身份认证机制，如图 4 所示。

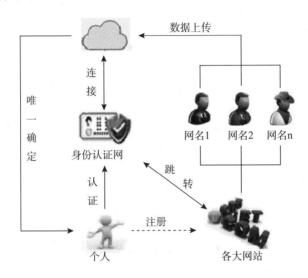

图 4　网络主体身份识别与认证示意图

　　由图 4 可知，网民在各大网站注册为用户的时候，先跳转到由官方建立与管理的身份认证网，身份认证网可于前台运行，也可于后台静默读取用户数据。用户通过身份认证网完成个人身份认证（具体认证方式在下文技术方案部分将进行详细阐述），认证后跳转回待注册网站，完成注册信息的填写，之后各大网站将用户新注册的 ID 号或网名发送给中央数据云，完成注册。中央数据云由政府相关部门统一建立和管理维护，用以存储网民社会身份与在线身份之间对应关系的数据。值得强调的是，本体制的认证方案中，网民并非在各大网站上进行身份认证，由此防止出现类似韩国大量网民私密信息泄露的情况。

　　对于企业、单位和组织等网络主体，由于其在工商、税务、文化、公安等部门均有备案，对于这些主体的真实身份认证可采取如下措施：上述网络主体在身份认证时，向身份认证中心提交组织（单位）名称、法人信息以及在政府部门中的备案编号等信息，认证中心进行审查核对（或中央数据云存储上述主体备案编号信息），确定该主体真实可靠时，允许其注册网络站点及网络账号，并对其在线身份与实际身份进行关联绑定，存储于中央数据云中。

对于身份认证网中用户的认证方式问题，通过对国内外各种网络身份认证方案的研究，结合我国实际情况，本项目组提出4种网络主体认证方式，分别为基于实名制手机验证码的认证方式、基于网银 U－Key 的身份关联认证方式、基于指纹特征的认证方式和基于 eID 的身份认证方式，并对这几种认证方式进行基础条件分析、行政成本分析、用户体验分析、隐私保护分析以及认证介质丢失所带来的风险分析。

此外，对于境外用户，若是该境外用户拥有中国实名制手机号码（或与银行账户绑定手机号码），拥有中国网上银行 U－Key，持护照在中国公安部门录入指纹，或者拥有中国 eID 网络电子身份证，可按照本研究报告上述方案进行网络身份认证。若是都不具备，则该用户需要填写个人真实姓名、有效身份证件号（如身份证号、护照号等）以及手机号码，并上传对应身份证件照片，由身份认证网管理人员进行认证，认证通过可进行正常网络注册，并将该用户的身份证件号、手机号以及新注册的网站账户保存到中央数据云中，之后，该用户在其他网站上注册时，可使用手机验证码进行身份认证。

在详细阐述4种认证方式之前，有必要先忽略具体技术细节，提出构建可信身份认证机制的举措。

构建可信身份认证机制，无论是基于哪种技术手段设计具体的身份认证方式，都有一些宏观的部署和统一的举措，特别是在用户隐私保护、网络运营管理、网络执法监督以及宣传教育等方面。

我国地域广阔、行业与人口众多等具体国情，决定了实行网络实名制单靠公司或是个人的力量是根本行不通的，只有政府牵头，并且通过行政强制手段才有可能实现。

政府相关部门进行明确的分工，如明确方案审核与规划、政策制定与推动、任务承担与构建、工作协调与监督分别由哪些部门负责，部门间相互协作配合，相互监督制约，杜绝由一家独大或者职能重叠导致的行政效率低下，资源浪费等情况。做到"谁主管谁负责，谁发证谁监管"。同时，公安执法部门要加大对网络违法犯罪行为的查处力度，严厉打击损害人们切身利益、破坏社会公共利益、威胁国家网络安全的行为。

例如，由国家发改委对身份认证方案进行审核与统一规划，由工信部下发任务逐步推行，由国家信息中心牵头和承担构建，包括中央数据云的规划、建设、运行维护及相关管理工作，国家互联网信息办公室落实互联网信息传播方针政策和推动互联网信息传播法制建设，指导、协调、督促有关部门加强互联网信息内容管理[39]，与公安部一起依法查处违法违规网站等。

用户的隐私安全一直是用户关注的问题，也是政府部门和企业网站必须重视的方面。韩国网络实名制导致用户个人数据泄露是一个惨痛的教训，究其原因，是各大网站保存了用户注册时提交的个人数据，而实际上并非所有企业都有能力保障网站的数据安全。

因此，在推行网络实名认证时，首要任务是制定法律法规，如《互联网基本法》和《互联网个人信息保护法》等，约束网络犯罪，保护用户个人信息，明令禁止网站出于利益目的主动泄露用户数据，对违法行为进行严厉惩处。

同时，加强对互联网行业及相关场所的管理，规范经营者的经营行为，防止网站内部人员非法出售或散播用户信息，加强对网络违法行为的打击力度，相关部门和人员（如公安局与网警）应加强网络事件和互联网违法犯罪人员的追踪和查处，维护个人用户和经营者的合法权益，保障互联网上网服务经营活动健康发展。

另外，各部门（如互联网应急中心、互联网信息中心等）应当联合起来，以教育部门为主导，适时开展网络政策、网络安全、网络用户合法权益和用户个人隐私保护等相关网络基础知识的宣传教育工作，逐渐改变我国网民的思想理念，匿名和自由固然好，但是要有一定的底线和约束，否则容易被滥用甚至引起混乱。建议在大中院校面向全社会人员开设一些基于上述内容的基础课程及讲座。

最后，共同营造一个可信的互联网生态环境是每个网络参与者共同的责任。作为服务提供商，相关企业和网站应当从大局和长远出发担当此责任，网络用户的实名认证能有效规范互联网世界，有效提高网络犯罪的成本及其责任的可追溯性，对维护所有网络主体的合法权益，特别是对各大企业和网站的利益，具有重大作用。作为服务的使用者，用户首先要相信政府，对政府有信心，积极配合政府各项工作的开展，并且在进行网络实名认证的同时，主动行使监督权，发现违法违规的网络行为，应通过正确渠道进行揭露举报，发现自己的个人信息遭到泄露与盗用，应及时报警，共同打击网络违法犯罪行为。

7.1.3 构建可信身份认证机制技术方案

（1）基于实名制手机验证码的身份认证

实名制手机包括在各大通信运营商进行了实名认证的手机号码，以及在银行开户时与银行账户绑定的手机号码。

1）背景与基础条件

以 2010 年 9 月 1 日开始，按照工业和信息化部的要求，对新增电话用户进行实名登记，包括购买预付费的用户，都需要提供真实有效的身份证件，由运营商存入系统留档，当时预计第二阶段以相关法律出台为依据，用三年左右时间基本完成老用户的补登记工作。

2012 年 12 月，全国人大常委会出台了《关于加强网络信息保护的决定》，在法律上明确了电话用户真实身份信息登记制度。

2013 年 7 月 16 日，中华人民共和国工业和信息化部令第 25 号《电话用户真实身份信息登记规定》，规定从 2013 年 9 月 1 日起，电信业务经营者为用户办理固定电话、移动电话（含无线上网卡，下同）等入网手续，全国实施真实身份登记，严格实行"先登记，后服务；不登记，不开通服务"。明确用户真实身份信息登记的范围、程序、要求和信息保护等制度，制定了部分惩罚条款，有利于保护广大用户的合法权益，提升电信服务水平，遏制网络信息违法行为。

根据工信部 2013 年年底发布的监测数据，我国手机用户达 11.85 亿户，已进行实名制的用户占 80%。

另外，国内各大银行在个人用户办理开户手续时，均会免费提供银行账户预留手机绑定服务，并且提供了银行账户预留手机查询接口。

可见相关部门以及社会各界也都在大力推进和实施手机实名认证，并将逐步完成全国范围内手机用户的实名认证。在这个背景和条件下，采用基于实名制手机短信验证码的网络身份认证成为一种方便快捷的、具有较强可信度的方式。

2）认证机制建立

建立可信认证机制是营造可信互联网生态环境的基础，根据项目要求，在综合考虑了行政成本、用户体验以及用户隐私保护等因素的基础上，建立基于实名制手机验证码的身份认证机制，如图 5 所示。

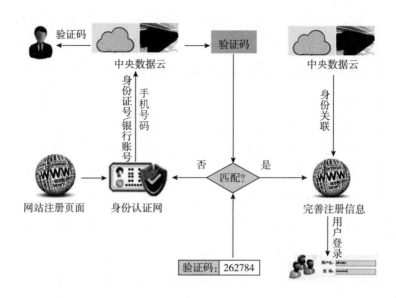

图 5   基于实名制手机验证码的身份认证

由图 5 可知，建立基于实名制手机验证码的身份认证机制，用户注册成为一个网站新用户之前，需要先进行身份认证，由注册界面跳转到官方建设并管理的身份认证网，用户于身份认证网填写个人身份证号及已经进行实名制的手机号码，或是银行账户及与该账户绑定的手机号码，点击获取认证码。身份认证网将用户输入的身份信息与手机号码进行匹配，若是匹配成功，则发送手机验证码。用户填写收到的手机验证码，若是验证码正确，则完成身份认证，页面跳转回注册网站。用户完善注册信息，如登录账号、昵称以及登录口令等，网站将登录账号发送给中央数据云，进行身份关联绑定。其中，若是信息匹配失败或是验证码错误，要求用户重新认证。注册完成后，一旦该用户在该网站上进行不法行为，相关部门可以通过中央数据云中的关联信息查到该账号对应的用户真实身份，以追究其法律责任。除了上文所述四种认证方式共同的举措之外，各互联网参与角色在此种方式的身份认证机制的建立中起着至关重要的作用，下面从各角色的分工来阐述这种可信身份认证机制的建立过程。

① 政府监管机构

相关部门尽快完善手机实名制以及惩戒电信犯罪的法律法规，同时完善电信行业管理条例，严格规范电信运营商对手机的实名认证工作。多与电信运营商进行对话与合作，制定相关政策，合理加大对电信事业的支持与投入，促进通信基础设施的建设，大力推进我国电信和互联网事业的发展。此外，除做好宣传教育工作之外，逐步改变网民的网络观念，提高互联网用户的网络安全素质。

另外，相关部门做好监督管理工作，及早发现电信和互联网行业的违法违规行为，对电信运营商内部出售用户数据的行为要严惩不贷，对存在违规操作问题的单位进行通报批评，并督促其整改，保障电信用户的合法权益不受非法侵犯。

② 服务提供者

电信营运商必须严格落实《关于加强网络信息保护的决定》，根据《电话用户真实身份信息登记规定》制定符合自身条件的执行方案，完善并严格程序，做好电话用户真实身份信息登记与录入工作，确保用户信息的准确性；并且遵照相关法律法规对个人信息保护的规定，严禁非法出售用户身份信息行为，制定内部管理规定并提高用户数据安全保障技术水平，保障服务正常稳定，防止用户隐私数据的泄露。同时，与政府相关部门进行交流合作，根据当前用户需求和政策法规，适当调整业务范围，并且加大基础设施的建设，大力推进我国电信和互联网事业的发展。

作为内容提供商的企业及各大网站，除了要配合国家相关部门开展用户身份认证工作，在网站的注册页面提供跳转到政府搭建的"网络身份信息认证网"的接口，完成与认证网站的数据交互之外，还要做好网站数据保全以及网页内容核查等工作，减少甚至杜绝邪恶低俗内容的传播，加大力度宣传正面事迹，传递网络正能量，为营造健康的网络环境出力。

③ 普通用户

作为互联网服务的使用者，为了营造健康可信的互联网生态环境，进一步保障网络自由，网络用户要积极配合网络身份认证工作。首先，要完成对自己手机的实名认证，特别是老用户，应当主动提供身份信息给运营商。在办理银行卡开户手续的时候，绑定自己的手机号码；其次，在进入新网络社区注册的时候，应按照认证步骤输入真实信息进行身份认证；再者，要管理好自己的身份信息与隐私数据，在使用公共计算机时不要保存口令密码，使用后要及时清理数据，并且不要轻易将个人身份证信息、手机号码等发布于公开场合；最后，用户应当学习一些信息安全基础知识，提高自身网络安全意识与网络素质，一旦发现自己的身份信息被盗用，应当及时报警，一旦意识到自己的账户信息泄露，应当立即更换口令密码。

（2）基于网银 U–Key 的身份关联认证

1）背景与基础条件

根据《中华人民共和国反洗钱法》《个人存款账户实名制规定》（国务院令第 285 号）、《人民币银行结算账户管理办法》（中国人民银行令〔2003〕第 5 号）、《金融机构客户身份识别和客户身份资料及交易记录保存管理办法》（中国人民银行、中国银行业监督管理委员会、中国证券监督管理委员会、中国保险监督管理委员会令〔2007〕第 2 号）等法律制度，各类个人人民币银行存款账户（含个人银行结算账户、个人活期储蓄账户、个人定期存款账户、个人通知存款账户等，以下简称个人银行账户）必须以实名开立，即存款人开立各类个人银行账户时，必须提供真实、合法和完整的有效证明文件，账户名称与提供的证明文件中存款人名称一致。这就保证了所有的银行账户都已经进行了严格的身份认证，户主身份信息真实准确。

根据央行《2013 年支付体系运行总体情况》最新发布的数据，截至 2013 年年末，全国累计发行银行卡 42.14 亿张，较上年年末增长 19.23%，增速放缓 0.57 个百分点；全国人均拥有银行卡 3.11 张，较上年年末增长 17.8%。全国共有人民币银行结算账户 56.43 亿户，较上年年末增长 14.93%，增速放缓 4.53 个百分点。其中，单位银行结算账户 3558.06 万户，占银行结算账户的 0.63%，较上年年末增长 12.26%，增速与上年基本持平；个人银行结算账户 56.07 亿户，占银行结算账户的 99.37%，较上年年末增长 14.95%，增速放缓 4.56 个百分点。

另外，据中国金融认证中心（CFCA）在第九届电子银行年会上发布的《2013 中国电子银行调查报告》（以下简称《报告》）显示，2013 年全国地级以上城市城镇用户的个人网银比例为 32.4%，手机银行用户比例为 11.8%，电话银行用户比例为 12.4%，短信银行用户比例为 8.8%，个人网上银行的用户普及率明显高于其他电子银行渠道，并连续 3 年呈增长趋势。《报告》预测 2014 年个人网银用户比例将达到 34% 左右。

由上述材料可见，我国银行账户自开户起即进行严格的用户身份认证，此外，随着互联网和电子金融的快速发展，我国银行卡发卡量、人民币银行结算账户以及电子银行普及率迅速增加，但网上银行的普及率仍然偏低。在这个背景和条件下，采用基于网银 U－Key 的网络身份认证成为一种具有绝对可信度的方式，但是普及成本以及安全性可能会成为较大难题。

2）认证机制建立

建立可信认证机制是营造可信互联网生态环境的基础，根据项目要求，基于网银 U－Key 的身份关联认证机制如图 6 所示。

由图 6 可知，用户由网站注册页面跳转到官方建设并管理的身份认证网（明面跳转或后台进行），身份认证网读取用户 U－Key 信息，并与中央数据云中的银行账户信息进行查询对比，通

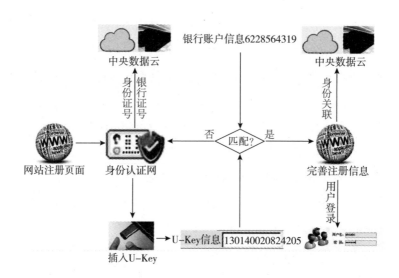

图 6　基于网银 U–Key 的身份关联认证

过 U–Key 对应的银行账户确定用户身份之后，跳转回网络社区注册网页。用户在注册界面完善注册信息（如昵称、账户 ID 与登录口令等），社区网站将用户新注册的账户 ID 发送给中央数据云，跟其真实身份进行关联。其中，身份认证网对用户身份证号码及银行账户的读取，可由安全浏览器自动完成，另外，若是 U–Key 信息不正确，注册页面可拒绝用户注册，并显示错误信息。注册完成后，一旦该 ID 号出现违法违规行为，侦查部门可以通过中央数据云中的关联信息查到该 ID 对应的用户真实身份。各互联网参与角色在此种方式的身份认证机制的建立中起着至关重要的作用，下面从各角色的分工来阐述这种可信身份认证机制的建立过程。

① 政府监管机构

相关部门根据电子金融时代发展特点，完善相关法律法规，填补对新型金融犯罪行为的惩处空缺，保障人民财产安全和国家金融安全。同时完善金融业特别是银行业管理条例，特别是电子银行和电子商务的管理办法，严格规范银行业相关业务操作流程；多开展银行业内部、内部与外部间的交流活动，了解新需求、新问题和新思路，制定相关政策促进金融业有序健康发展。

另外，相关监管部门（如中国银行业监督管理委员会）严格贯彻落实《中华人民共和国银行业监督管理法》，做好监督管理工作。及早发现银行业的各种违法违规行为，对存在没有严格核实开户人真实身份等违规现象的单位进行通报批评，并督促其整改。公安部门应加大侦查力度，加强对盗取他人账户密码、银行诈骗等违法犯罪行为的查处和打击。

② 服务提供者

银行作为本方案认证工具 U–Key 的提供者，首先要加强内部管理，严格遵守《电子银行业务管理办法》法规，规范业务办理流程和操作方法。柜台工作人员对用户开户信息的审批严格把关，确保开户资料的真实、完整、合规，同时结合技术手段，对银行内部人员适当约束，防止用户数据泄露；另外，制定相关业务活动，大力普及网上银行，提高 U–key 的发放率，不仅可以为网络身份认证提供服务，更可以降低银行本身的业务成本；更重要的一点，由于 U–Key 与个人银行账户挂钩，也被用于身份认证，故各大银行应加大研发力度，提高 U–Key 设备和网上银行系统的安全性和稳定性。

作为内容提供商的企业及各大网站，要积极配合国家相关部门开展用户身份认证工作，首先在网站的注册页面提供转到政府搭建的"网络身份信息认证网"的接口，完成与认证网站的数据交互；其次要做好网站数据保全以及网页内容核查等工作，减少甚至杜绝邪恶低俗内容的传播，加大力度宣传正面事迹，传递网络正能量，为营造健康的网络环境出力。

③ 普通用户

为了加大对网络违法犯罪案件的查处和打击力度，营造健康可信的互联网生态环境，网络用户要主动配合网络身份认证工作。在进入新网络社区注册的时候，应按照认证步骤输入真实信息进行身份认证；注重个人信息的保护，U‑Key 使用完后记得及时拔下，勿在公共计算机使用 U‑Key 设备；最后，用户应当学习一些信息安全基础知识，提高自身网络安全意识与辨别网络欺诈的能力，一旦发现网络违法犯罪行为，应及时举报或是报警，一旦意识到自己的账户信息泄露，应当立即更换口令密码。

（3）基于指纹特征的身份认证

1）背景与基础条件

1980 年公安部颁布《关于犯罪分子和违法人员十指指纹管理工作的若干规定》，为收录和管理犯罪分子和违法人员十指指纹提供了依据，并规定了捺印指纹的范围、负责捺印罪犯指纹的单位、指纹信息的管理方法以及分析方法等具体内容。

2007 年 11 月我国公安部发布了《公安机关指纹信息工作规定》，用以加强和规范我国公安机关指纹信息工作，充分发挥指纹信息在侦查破案、打击犯罪以及社会治安管理等工作中的作用。这是我国指纹信息的规范性文件。

2011 年 5 月 30 日公安部刑侦局向全国公安刑侦部门发出《关于开展指纹自动识别系统认证工作的通知》，对指纹自动识别系统认证的内容、进度安排和刑侦部门的任务提出了具体要求。

2012 年修订的《中华人民共和国居民身份证法》明确规定居民身份证登记项目包括指纹信息。同时，公安部规定从 2013 年 1 月开始，全面启动二代居民身份证指纹信息登记，对于首次申领二代证的，在办证时直接登记指纹信息，对已经领取二代证的，在换领、补领证件时登记指纹信息。

鉴于个人的指纹特征的独一无二性，指纹识别完全可以成为一种鉴定个人身份的可信方式。同时，近几年出台的多部有关指纹信息的法律法规，在一定程度上推进了我国国民指纹库的建设进程。全民指纹库的建立和完善，将对身份识别的可靠性、甄别性，建立相关系统的简便性等方面起到很大的作用。然而，普通用户终端设备的指纹采集将是限制指纹识别应用普及的最大难题。近年来指纹特征身份识别技术已经成熟，并且在各领域（特别是安防领域）发挥着较好作用，得到广泛认可，指纹特征用于身份识别将成为未来的趋势，希望有关部门能加大对指纹特征的关注与投入，促进该技术在我国的发展。

2）认证机制建立

建立可信认证机制是营造可信互联网生态环境的基础，根据项目要求，建立基于指纹特征的身份认证机制如图7所示。

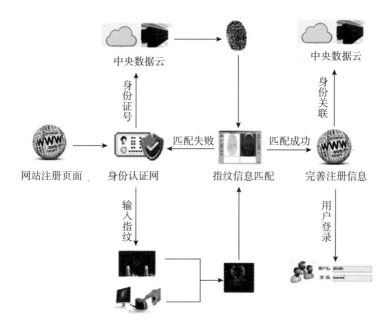

图7 基于指纹特征的身份认证

由图7可知，用户进入某网络社区进行注册，或者未进行身份认证的老用户在发表言论之前，需先进行网络实名认证。由该网络社区网站跳转到官方构建并管理的身份认证网，用户于身份认证网填写个人身份证号码，并通过指纹识别设备输入个人指纹。该指纹信息与中央数据云中用户身份证对应的指纹信息进行对比匹配，若是匹配失败，则要求用户重新输入指纹或修改身份证号。

匹配成功之后，跳转回网络社区用户注册界面，用户完善账号 ID 和登录口令等注册信息。网络社区将用户新注册的账户 ID 发送给中央数据云进行身份关联。一旦该 ID 进行了违法违规行为，相关部门可通过中央数据云中的关联信息查得其真实身份。为完成此身份认证机制，除上文所述四种认证方式共同的举措之外，各互联网参与角色也都起着至关重要的作用。下面从各参与角色的分工来阐述基于指纹特征身份认证机制的建立过程。

① 政府监管机构

政府相关部门须尽快调研并制定有关生物特征数据的采集与应用等层面的法律法规，以填补生物特征（特别是指纹）采集与应用方面的法律空缺。首先，在法律完善之前，有必要对官方指纹数据的存储和应用采取较为严格的管理措施，防止该数据被窃取或滥用。其次，将指纹采集人群范围扩大到全国人民，加快全民指纹数据库的建设。此外，根据当前我国的情况，制定相应的政策，适当加大对指纹技术应用和推广的投入，促进指纹相关硬件设备的普及，同时鼓励民间企业和团体推广指纹识别技术。

另外，设立相关监管部门（如公安部指纹管理中心），做好指纹数据使用情况的监督管理工作，同时协调相关部门，确保各方应用在合法合理的框架下有序进行。公安部门应加大侦查力度，加强对泄露、窃用指纹数据等行为的查处和打击。

指纹身份认证技术在我国起步较晚，市场规模较小，但是发展稳定，具有较大利润空间和广阔的发展前景。又由于我国特有的国情，导致现阶段全民指纹库的建设工作进展缓慢，指纹管理法规缺失。面对指纹身份识别带来的极大好处，希望有关部门对指纹的采集、管理和应用给予更多的关注。

② 服务提供者

服务提供者包括设备运营商和网站运营商。设备运营商和网站运营商都要严格落实《关于加强网络信息保护的决定》，保护网络信息安全，保障公民的合法权益，维护国家网络安全和社会公共利益。

设备运营商是拥有指纹识别技术自主知识产权的厂家，向用户提供成熟先进的技术和服务。需要强调的是，设备运营商不仅需要向用户提供用于指纹识别的终端设备，还需提供售后服务，如咨询与系统升级等。同时，设备运营商应该保障设备的正常稳定运行，采用严格的数据加密体制，防止用户隐私数据泄露。

被列入需要进行网络用户实名认证的网站，在为用户办理注册服务时，需按照数据接口要求，跳转到"网络身份信息认证网"，做好网络身份认证的第一步。同时加强对其用户发布信息的管理，发现违禁信息与不法言论时，应当立即采取屏蔽、消除等处置措施，防止不良信息进一步扩散，并且保存有关记录，向有关主管部门报告。

③ 普通用户

网民应按照要求，积极主动到公安机构等权威部门录入自己的指纹信息。对于要求录入指纹的场合，须先确认对方的身份，谨防自己指纹数据被非法采集、盗用。用户发现侵害其合法权益的网络信息，如个人信息遭到泄露，个人隐私被散布等，有权要求网络服务提供者删除有关信息或者向有关主管部门举报。

（4）基于 eID 的身份认证

1）背景与基础条件

eID（Electronic Identity），意为"电子身份证"或"网络电子身份证"，指可以在网络空间唯一标识一个用户身份的一串电子信息，依托公安的全国公民身份信息库保证用户身份的真实性和唯一性。eID 是以密码技术为基础，以智能芯片为载体，由政府身份管理的职能部门统一签署颁发的、标识公民身份的数字证书；具有数字签名及抗否认的法律效力，是公民可用于在网上远程证实身份的网络电子身份证件。以下介绍其在我国的研制与使用情况。

2009 年，公安部指示其下属第三研究所开展网络身份管理试点，建设起全国唯一的"公安部公民网络身份识别系统"，并且通过了国家密码管理局的系统安全性审查及权威技术鉴定，见《国家密码管理局关于公安部公民网络身份识别系统通过安全性审查的函》（国密局字〔2013〕3 号）。

2010 年 6 月，公安部投入 3000 万元在浦东张江基地开始"公安部公民网络身份识别系统"基础设施建设。

2010 年 10 月，国家发改委下发高技术产业化项目"网络真实身份管理系统产业化（发高技〔2010〕3044 号）"，由公安部三所承担并完成研制。

2011 年 4 月，"公安部公民网络身份识别系统"建成并投入使用，包括机房、控制中心、实验室，总面积 2400 平方米。拥有 5000 万张以上公民网络电子身份标识（eID）的全生命周期管理及毫秒级处理能力。

2011 年年底，中国通信标准化协会 TC8 "互联网身份管理与服务信息分类与编码规则"、全国信息安全标准化技术委员会 TC260 "网络电子身份格式规范"制定。次年 7 月中国通信标准化协会 TC8 "网络电子身份标识 eID 载体安全技术要求"制定。

2012 年年初，"十二五"国家 863 重大项目"eID 管理技术与系统（2012AA01A403）"、"十二五"国家 863 重大项目"基于 eID 的典型示范应用（2012AA01A404）"开始研发。

2012 年 9 月，eID 在北京邮电大学试点应用，发放 2 万多张 eID，基本覆盖北邮全校教职员工，实现了北邮校园 eID 应用、新浪微博 eID 应用、阿里云电子商务 eID 应用等。

2012 年 10 月中国工商银行与公安部三所签订"eID 战略合作协议"，在工行金融 IC 借记卡中嵌入 eID，实现双方数据中心专线对接，形成了每天 30 万张以上 eID 制发能力。预计到 2014 年年底，eID 工行卡发放总量将超过 2000 万张。

2012 年 12 月"公安部公民网络身份识别系统"通过国家密码管理局安全性审查。

由上述材料可以看出，2009 年起，eID 受到国家发改委、公安部、科技部等部门的高度重视和大力支持，已从科技研发到实际试点应用逐渐转变，而且应用范围逐渐扩大，应用领域逐渐增多，然而由于发展时间较短及我国幅员辽阔、人口基数大等原因，其应用规模尚且较小，还有待进一步发展扩大。可见采用基于 eID 的网络身份认证成为一种方便快捷、安全可信的方式。

2）认证机制建立

根据项目要求，结合 eID 的技术特征，基于 eID 的身份关联认证建立机制如图 8 所示。

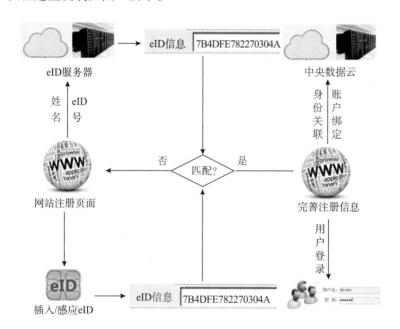

图 8　基于 eID 的网络身份认证

由图 8 可知，用户于某网站注册页面注册，完成注册时，输入自己的姓名和 eID 账号，网站将上述信息提交 eID 服务器并提示用户插入 eID 卡及读卡器，eID 服务平台根据用户 eID 卡内运算结果验证用户所持有 eID 的有效性，eID 服务平台通知该互联网应用账号绑定验证结果。若验证通过，网站将用户新注册的账户 ID 和 eID 绑定信息发送给中央数据云；若是 eID 信息不正确，注册页面可拒绝用户注册，并显示错误信息。因此，在中央数据云中，用户在不同网站上注册的不同身份 ID 都会跟该用户的 eID 进行关联绑定，一旦某网站上某 ID 号出现违法违规行为，侦查部门可以通过中央数据云中的关联信息查到该 ID 对应的用户真实身份。各互联网参与角色在此种方式的身份认证机制的建立中起着至关重要的作用，下面从各角色的分工来阐述这种可信身份认证机制的建立过程。

① 政府监管机构

首先，相关部门应正确认识 eID 互联网身份认证技术的作用，一方面，对于公民的网络账户安全和他们的隐私信息能起到很好的保护作用；另一方面，网络电子身份证的使用能有效规范和净化网络环境。

其次，制定相关政策制度，促进 eID 网络身份认证在网民中的普及，促进和完善公民网络身份识别系统建设。同时，做好宣传教育工作，逐步改变网民的网络观念，提高互联网用户的网络安全素质。

另外，公安部等相关部门，应不断完善 eID 服务平台建设，提高 eID 数据库的真实性、完整性和可用性，保障服务器设备的高速稳定运转，并严厉打击非法泄露、倒卖 eID 账户及用户姓名身份数据等行为。

最后，相关部门做好监督管理工作，及早发现不良网站的违法违规行为，对于传播网络谣言等不良信息行为要严惩不贷，对泄露公民私人信息的网站或个人进行相应惩处，保障网络用户的合法权益不受侵犯。

② 服务提供者

作为内容提供商的企业及各大网站，除了要配合国家相关部门开展用户身份认证工作、在网站的注册页面提供 eID 认证服务器接口、完成认证数据的交互之外，还要做好网站数据保全以及网页内容核查等工作，对涉及邪恶组织、淫秽色情的内容进行清理，对危及国家安全、社会稳定的信息应及时上报，对于在网络上传播谣言、毁谤他人的用户采取封号或是降低信任度等措施进行惩处。

对于 eID 服务代理商，应当保障服务器设备的高速稳定运转，采取适当安全措施对服务器数据进行保护，同时制定相应管理规范，保障 eID 数据安全。

③ 普通用户

作为互联网服务的使用者，广大网民应认识到营造健康可信的互联网生态环境的重要性，认识到 eID 网络电子身份证的使用能有效保障网民的私人信息，积极使用 eID 进行网络认证身份管理。在获得 eID 之后，尽快完善自己的私人信息，绑定自己在各大网站的账号，在进入新网络社区注册的时候，应按照认证步骤输入真实信息进行 eID 身份认证。最后，用户还应当学习一些信息安全基础知识，提高自身网络安全意识与网络素质，一旦发现自己的身份信息被盗用，应当及时更改信息，情况严重时，应及时报警。

7.2　信任等级机制

7.2.1　可信战略的必要性及发展方略

互联网最初只是作为一种文件共享的平台，随着应用的不断深入，各种形式的应用不断涌出。目前，新一代互联网可扩展性的技术内涵更加丰富，除规模可扩展以外，在功能、性能等方面也需要一定的可扩展性，并且这种可扩展性需要体系结构的支持。最初的互联网仅仅被当作一种研究工具在科研人员之间使用，由于用户相对单一，使用者之间完全可以通过默契建立良好的信任关系。但在商业化的进程中，用户技术水平和道德素质参差不齐，恶意攻击时常发生，垃圾邮件、不健康资讯弥漫于网络的各个角落，互联网的安全性开始受到了越来越多的关注。[40]

"信任缺失"或"没人信"不仅成为当前制约中小企业网站做大做强的瓶颈，而且还对尚未建站的中小企业形成"倒逼效应"，致使更多的企业对"建站或建商铺"产生畏惧心理。如何构建一个安全可信可控的互联网络成为人们关注和研究的焦点。由此可见推行符合我国国情的可信战略是很有必要并且迫切的。

美国的发展思路是由基础网络措施到发展网络应用，再到网络信任机制，从而控制全国的网络身份认证机制，我国可以借鉴。

1）基础网络设施。政府可以扶持第三方企业，鼓励其自主创新，设计出属于自己的基础设备，如大型路由器、交换机；实现国家网络的内部可控性，便于管理和保障互联网的安全。

2）网络应用。中国很多软件企业已经走上了自主研发的道路。如金山的 WPS 办公软件、国产的中标麒麟 LINUX 操作系统、腾讯公司的微信软件等。这些自主设计的软件虽然无法匹敌如微软等商业巨头，但这种势头应该得到认可，只有开拓创新领域，才能更好地维持网络生态环境，降低安全隐患。

3）网络信任机制与网络身份认证的完成。这需要一个利用可信计算平台作为基础支撑的综合信息安全系统，主要包括可信校验（完整性校验）、平台证书、可信平台模块（信任链的传递）、支持多种安全系统平台、网络认证、网络可信（信任链的延伸）等。在给用户以安全可信的互联网络资源的同时完成对网络用户的实名认证、信息定位和记录，进一步实现我国的互联网可信战略。

7.2.2 信任等级概况

（1）信任等级的定义

信任等级通常是指基于评估对象的信任、品质、偿债能力以及资本等的指标级别，即信任评级机构用既定的符号来标识主体未来偿还债务能力及偿债意愿可能性的级别结果。2010年7月11日，中国独立评级机构大公国际资信评估有限公司发布首批50个国家的信任等级。国内的信任等级大多用于各大金融体系和企业等。

（2）我国实行信任等级的概况

我国目前信任等级评价体系有三种类型，互联网网站信任评价、银行个人信任评级及淘宝、京东等电子商务门户的C2C信任评级体系。

1）互联网网站信任评价

网站信任：利用网站提供服务的机构、企业或个人在遵纪守法、遵守道德、履行合同、兑现承诺等方面的能力和品格的总称，表示该网站的可信任程度。

网站信任价值主要由两个要素决定，即网站服务提供商的服务能力和品格。如果网站服务提供商通过服务和经营获得经济收入的能力很强，具备承担社会责任和履行承诺的好品格，那么，该提供商就具有很好的网络信任。反之，能力或品格有一个要素出现问题，就会降低信任价值，就会带来信任风险，给网站用户和买家造成伤害和损失。

网站的信任评级用于衡量提供商的能力，主要考察网站质量以及网站的运营、管理和获利能力；衡量提供商的品格主要考察提供商身份和网站信息的真实性与合法性、社会信任记录、网站用户和买家的满意度。网站信任的作用：帮助网站用户和买家选择服务质量好、诚实守信的网站和商家，从而减少网站虚假信息和商业欺诈等风险；帮助优秀企业展示卓越的信誉和高信任价值，提高品牌美誉度和客户信任度，增强市场竞争力[74]，并促使企业由产品制造商和服务提供商向品牌制造者转型；帮助金融机构和贷款公司选择信任价值高的优质客户，预警和剔除信任风险大的劣质客户；帮助企业选择和保护信任价值高的优质代理商，预警和剔除信任风险大的劣质代理商，提高渠道开发和管理能力，处理好市场占有率和应收账款的矛盾。

国内互联网行业信用评价等级分为"三等九级"，即 A、B、C 三等，AAA、AA、A、BBB、BB、B、CCC、CC、C 九级，每 10 分区分为一个级别，如表 2 所示[42]。

表 2　互联网网站信任等级评价

等级	记分标准		含义	
	≥	<	信任状况和信任能力	风险程度
AAA	90	100（含）	信任极好，信任能力很强，几乎无风险。在授信时充分值得信赖。具有优秀的企业品格，企业发展能力极强，债务偿还风险极低，社会责任心强，可以给予其财务能力能够承担的最高限授信	几乎无风险
AA	80	90	信任优良，信任能力可靠，基本无风险。在授信时值得信赖。具有优良的企业品格，企业发展能力很强，债务偿还风险很低，社会责任心强，可以给予其财务能力能够承担的最高限授信	基本无风险
A	70	80	信任良好，信任能力较稳定，风险小，商务活动值得信任。企业品格和能力超过行业平均标准，信任相关方评价较高。如果具有保持或提高现有信任等级水平的趋势，可以给予较高的授信	风险较小
BBB	60	70	信任一般，信任能力基本具备，容易产生一定波动，有一定风险。企业的品格和能力居于行业平均水平，有时可能会出现拖欠行为，应密切关注其信任等级发展趋势，并可给予一定的授信	有一定风险
BB	50	60	信任欠佳，信任能力不稳定，容易产生较大波动，有较大风险。企业的品格受到一定质疑，同时发展能力欠佳。在授信时可能出现较长时间的拖欠。如果没有改善，应慎重授信或仅给予小额授信	有较大风险

等级	记分标准		含义	
	≥	<	信任状况和信任能力	风险程度
B	40	50	信任较差，信任能力较低，有很大风险。企业的品格和能力受到普遍质疑。除非有其他保证，否则应在其改善信任等级的情况下才开始授信	有很大风险
CCC	30	40	信任很差，信任能力很低，有重大风险。企业品格和能力较差。出现偿付危机的可能性较高，不应考虑授信	有重大风险
CC	20	30	信任极差，信任基本无能力，有极大风险。企业的品格和能力很差。即使在现金交易时，也应注意可能出现的信任风险	有极大风险
C	20以下		没有信任，企业濒临或已处破产状态，充满风险。企业的品格和能力极差，应放弃一切贸易和金融联系	充满风险

2）银行个人信任评级

个人信任制度是根据居民的家庭收入与资产、已发生的借贷与偿还、信用透支、发生不良信用时所受处罚与诉讼情况，对个人的信任等级进行评估并随时记录、存档，以便于个人信任的供给方决定是否对其提供信任或者提供多少信任的制度。在市场经济条件下，个人信任制度非常重要。个人如何有效地利用信任产品，维护良好的信任记录，显得更为重要。图9为我国的银行评价体系。

个体评级中经营风险分析设若干指标并分别赋予权重，分析人员根据指标定义和标准判断，加权得出综合结果。个体评级中的业绩及财务分析，结合行业平均值与行业最好、最差值进行差值计算，得出每一个指标的具体得分，再将每一指标得分加权得出综合得分。具体计算公式如下[43]：

银行评级得分 = 主权评级得分 × 主权评级权重 + 支持评级得分 × 支持评级权重 + 个体评级得分 × 个体评级权重

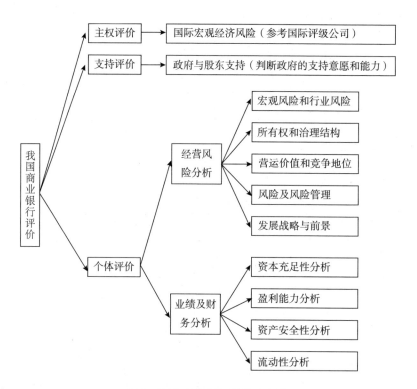

图9　国内商业银行评价示意图

个体评级得分＝经营风险分析得分×权重＋业绩及财务分析得分×权重

定量指标得分＝〔（指标实际值－该指标行业平均值）/（该指标行业最高值－该指标行业最低值）〕×（最高得分－最低得分）＋平均值标准得分

随着经济的逐步开放以及金融市场的全球化发展，资信评级系统在世界上较年轻的资金市场也开始发挥作用。而且在许多情况下，资信评级系统被看作这些市场发展的重要因素。同时，社会信任体系建设已经成为社会各界的共识，为国内信任评级行业的发展营造了良好的宏观氛围。

2006 年年底，中国金融业全面开放，外资银行的涌入给我国的商业银行带来越来越多的挑战，由于中资银行与外资银行在意识形态等方面的差异，中资银行在信任评级中必然处于不公平的地位。为了满足巴塞尔协议的新规定，中资银行不得不重组资产负债结构，重新制定资本和风险战略，成本大增。此时，如果拥有本土的国际性信任评级机构，就会在国际资本市场上有我国评级机构的声音，促进国际和国内投资者了解我国的银行。因此，加快发展我国银行信任评级业有着极为深刻、现实的意义。而银行信任评级发挥作用，有几个前提条件：评级机构的客观独立地位和专业胜任能力；公开的市场机制；政府对银行评级有选择的支持；银行信息披露以及对信任评级知识的普及宣传。要在借鉴发达国家成功经验的基础上，尽快建立既适合中国资本市场又能与国际标准结合的银行信任评级体系。

3）淘宝、京东等商户 C2C 信任评级

社会学家、管理学家和经济学家分别从各自不同的视角对传统实体市场的信任形成机制进行了探讨，形成了所谓的"血缘关系说""文化说""社团说""地缘说"和"博弈说"。这对电子商务信任形成机制分析具有重要的借鉴意义，但电子商务信任缺失及其产生根源的特殊性决定电子商务信任形成机制也有其特殊性[44]。

① 电子商务信任形成的正式机制

电子商务信任形成的正式机制又称法律机制，是指当在线交易者发生信任方面的纠纷时，采用相关的法律和法规，并启动相应的法律程序，予以评判、仲裁、处罚欺诈者，保护诚实交易者和受骗者，确保诚信的在线交易秩序。这种机制具有强制性、权威性、规范性，是传统市场中信任形成的一种有效机制。但这种正式机制在电子商务中的有效性却不能完全发挥出来，并存在较大的缺陷。

首先，与电子商务相关的法律制度滞后。电子商务由出现至今，虽然经过了初期的概念炒作阶段、中期挤压泡沫的低谷阶段和目前的整合回升等阶段的波折，但其发展速度仍可以说是一日千里；而电子商务法规从形成到出台的过程，则是渐进的，其变迁与电子商务发展路径迥异，具有相对的稳定性，面对日新月异、五花八门的在线交易，相关法律往往显得无能为力和滞后。其次，电子商务无国界和电子商务法规地域性的冲突。电子商务的主要特征之一是打破地域的束缚，可以跨国界展开在线交易，这也正是电子商务的主要魅力之一。但是电子商务法规却具有地区性和国别之分，一旦不同国家的在线交易者发生交易纠纷，很难找到统一的、交易双方都能接受的法律和法规。再次，已有的相关法律和法规在电子商务中不可能被严格执行。从电子商务信任问题产生的根源看，再成熟的电子商务法律和法规也很难在电子商务中严格实施，因为在电子商务中取证、身份验证以及让在线欺诈者承认错误并接受惩罚的成本太高，难度太大，除非受惩罚的一方在实体市场中有对应的身份并为人所知。另外由于在线交易的低价值和大批量特性，即使可以被执行，其执行的成本也会远远超过在线交易量，使得执行时甚至对受骗方都是得不偿失。由此可见，传统市场中信任形成的正式机制或者说法律机制在电子商务市场的有效性大大降低了，电子商务信任的形成更多依靠的是其非正式机制。

② 电子商务信任形成的非正式机制[45]

电子商务信任形成的非正式机制又称非法律机制，是指被非正式社会规范支配的制度，这些制度对交易双方是互利的，主要通过非强制的和非正式的奖惩管理规范参与者的行为。这种非正式机制使在线交易者采取失信行为时会投鼠忌器，虽然其强制性、权威性和规范性相对较弱，但比较有效。非正式机制包括网上流言、朋友抱怨和社会团体的评价等，而其中基于信任中介的电子商务信任形成机制是主要模式和发展方向。

从目前电子商务的实践看，比较有影响的是信任中介或信任第三方，也就是由电子商务市场的第三方来建立交易双方的信任关系，其具体形式包括如下。

信任计分系统

也称反馈系统，是目前 C2C 电子商务广泛采用的一种形式。下面以网上拍卖为例说明其一般工作过程和原理。拍卖网要求所有交易人在利用该网站进行拍卖交易前都必须首先注册成为会员。注册完成以后，交易人就成为注册用户，拥有一个初始的信誉度，其值为零。物品拍卖过程中，可以从网站浏览拍卖者对物品的详细描述以及拍卖的竞价过程。通过进一步链接，还可以详细了解拍卖者和所有投标人的信誉记录情况。拍卖网不仅提供每个注册用户一个月、半年和总的信誉记录，而且提供每个注册用户在每一笔拍卖交易完成后得到的信誉评价语。

当拍卖交易完成后，拍卖网站会要求交易双方分别留下给对方的信誉评价。为了避免报复性评价，网站只有在收到拍卖者和赢标者的两份评价后才公布评价结果。无论赢标者还是拍卖者，其信誉评价结果都可以归结为正的（或好）、中性的（或中）或负的（或差），分别对应的信誉评价值是 1、0、−1。信誉评价给出以后，交易人新的信誉度等于原有信誉度加上本次交易所得的信誉评价值。最后，交易人得到的最终信誉度就等于他每次交易所得正回馈数量减去负回馈数量。

信任图章

信任图章又称信任促销图章，是指已被市场认可的或者已证明的信任良好的企业（第三方信任提供者）来链接或展示其他企业在线商铺的各种标志、标签或图章，它们链接在线商铺的目的是证明这些企业有良好的信任等级，并建立消费者对这些在线商铺的信任，就像在这些企业网站上盖上一种确认其信任的图章一样。那些无名的在线商店会应用这些被不同的第三方信任提供的信任图章让消费者或其他相关利益主体信任它们。

此外，还有信任担保和不完全契约等。这些形式的信任机制在一定程度上提升在线交易的信任度，但也有缺陷。如网上信任计分系统中，参与者的信任分只能代表其过去的交易行为特征；从信息传播的角度看，缺乏有效的信息传播机制。

4）传统的信任评级分类[46]

① 金融工具评级

金融工具评级是对各种有价证券完整履行金融合同要求的相对风险的评价，如债券资信评级是对债券按期足额还本付息的可靠程度的评价，主要包括企业债券、可转换债券、普通股、优先股票、证券投资基金、结构融资债券的资信评级。

② 工商企业评级

工商企业评级是对企业偿还无担保债务的能力和意愿的综合评价，它衡量的是企业偿还非特定债务的违约率及损失严重程度。与债券资信评级不同的是，企业资信评级不是针对具体债务，而是对企业目前和潜在总债务偿还能力的综合评价，反映了企业依靠自身能力维持正常经营而不会陷入财务困境的可能性。

③ 金融机构财务实力评级

金融机构财务实力评级是对金融机构综合财力或内在安全性的评级，它衡量的是金融机构陷入债务困境时需要外部支持的可能性。金融机构资信评级包括对期货经纪公司、保险公司、商业银行、财务公司、担保公司、基金公司、证券公司、信托投资公司和典当行等的资信评级。

④ 公用事业企业资信评级

公用事业企业资信评级是对公用事业单位履行债务或其他合同的能力与意愿的评价。公用事业资信评级与一般企业有所不同：一般企业资信评级是从企业的角度进行分析，强调企业自身对债务的保障程度；而公用事业资信评级在考虑企业财务实力的同时，特别注重政府支持对公用事业企业债务的保障程度，包括在偿债资金来源上的支持、政策支持以及在企业发生偿债困难时的特别支持等。

⑤ 政府评级

政府评级是对一国中央政府或地方政府如约偿还债务本息的能力和意愿的评价。其中，对中央政府的评级又被称为主权资信评级（sovereign rating），它反映的是该国偿还其全部对外债务，包括公共事业和私人借款的能力和相对风险。主权评级是该国债务人及其债务工具信任等级的"主权上限"，该国管辖的任何经济主体所发行的外币债务的信任等级不会超过该国的主权信任等级。

（3）实行信任等级机制的必要性

实行信任等级机制是发展社会主义市场经济社会信任体系基本框架与运行机制的需要。信任是市场经济运行的前提和基础。在市场经济条件下，日益扩展和复杂化的市场关系逐步构建起彼此相连、互相制约的信任关系。这种信任关系作为一种独立的经济关系得到充分发展，并维系着错综复杂的市场交换关系，支持并促成规范的市场秩序。可见，没有信任，就没有市场存在的基础[47]。信任是市场经济健康发展的基本保障。西方发达国家顺应市场经济发展的趋势，建立了信任管理体系，形成了信任环境与信任秩序，有力地促进了经济的发展。社会信任体系的完善与否已成为市场经济成熟与否的显著标志[48]。在我国，符合市场经济要求的社会信任体系建设刚刚起步。随着我国经济的快速发展和市场化程度的提高，客观上对社会信任体系的建立提出了紧迫要求。信任是重要的宏观调控手段，信任具有货币属性，能够实现一定的经济政策功能，成为国家宏观调控的重要工具。

建立社会信任体系是保持国民经济持续、稳定增长的需要。企业的经济活动需要信任来保障。企业是社会信任活动中最活跃的层次，是巨大的信任需求者和供给者。企业进行转产改制和科技创新，需要通过银行信贷、证券市场操作和债券的发行等方式筹集大量的生产发展和技术改造资金。但由于信任缺失行为大量存在，使银行不敢轻易放贷，企业难以通过正常的信任渠道获取生产发展资金。扩大消费市场需要信任来启动。在买方市场条件下，依靠扩大本国信任交易总额来扩大市场规模、拉动经济增长是许多发达国家的成功经验。在良好的市场信任环境下，一国的市场规模会因信任交易的增长而成倍增长，从而拉动经济、增加就业。因此，要扩大市场消费需求，拉动经济增长，就必须加快建立社会信任体系。

防范金融风险和深化金融改革。建立社会信任体系是防范金融风险和深化金融改革的需要。防范金融风险，必须加强信任制度建设。金融安全是国家经济安全的核心，金融风险危及金融安全，而信任风险是目前我国最大的金融风险。我国的金融风险主要是在经济转型过程中，银行信任规模快速扩张，信任制度不规范、不健全造成的。加强信任制度建设，通过增强借款人偿还能力和提高偿还意愿，促进借款人提高履约水平，能够降低银行业信任风险，从而维护金融安全，保证国家经济安全。深化金融改革，促进金融发展，必须加强信任制度建设。金融是现代经济的核心，深化金融改革是经济发展的必由之路。当前，国际金融形势出现新的变化，国内改革开放和经济建设面临新的任务，都要求进一步深化金融改革，提高我国金融竞争力。

建立社会信任体系是应对全球经济一体化和我国加入 WTO 后所面临的挑战的需要。进入 21 世纪，全球经济一体化日益展示为一种新的世界经济新秩序，对世界各国经济、政治、文化等各方面都造成越来越大的冲击。全球化时代的各经济主体都必须按统一的国际市场规则进行经济活动，这就需要有全球统一的信任体系来约束和支撑。在我国，信任服业发展缓慢，加入 WTO 后，我国信任服务市场的对外开放，可能使国外信任服务公司依托其国际知名度、全球化的市场、完备的人才及成熟的技术等优势，对我国的信任服务机构产生巨大威胁，甚至垄断某个领域、某个地域的信任服务市场。因此，需要大力加强我国信任服务行业的建设，以应对国外信任服务公司的挑战。[49]

建立社会信任体系是培育新的信任文化、改变当前信任秩序紊乱状况的需要。发展市场经济必须培育新的、与市场经济相适应的信任文化，使信任不仅仅是一种美德，更是一种实际的管理手段，与企业的发展和个人的创业、生活、工作、就业等直接挂钩，让守信者获得种种收益，让失信者遭到市场的淘汰[50]。这样一种意识和文化的形成与确立，不能仅靠简单的教化来解决，而必须要依靠规范的信任制度来实现。

7.2.3　信任等级实施方案

个人信任、网站（企业）信任、银行信任、国家信任构成了信任体系。

（1）信任等级机制

在互联网可信体系中，个人信任处于基础性地位，支撑着整个社会经济的运行。为促进可信互联网的建设，必须建立个人用户信任制度。我国的个人信任制度的建设虽然在其他领域有了一定成绩，但是还存在这样那样的问题，主要表现在下面几点。

① 个人信任资料不全面；

② 缺乏创建个人信任制度所需的成熟的法制环境；

③ 个人信任评估工作存在问题；

④ 缺乏专业的个人信任评估机构；

⑤ 个人征信数据的完整采集存在困难。

要解决这几个主要问题，必须广泛采集信息，建立健全个人资信档案；政府应该营造信任法治环境，确立法律保障；同时政府可以根据我国的实际情况制定个人资信评估办法；鼓励和培育专业的个人信任评估机构，为政府制定个人信任制度提供专业科学的参考依据。针对个人征信数据的完整采集存在的困难，应该采取政府推动和市场运作相结合的个人征信体系模式。

基于网络用户实名制的推行和实施，健全的个人信息档案将会安全地储存在政府的信息数据库（云）中，其中的个人信任属性也将如实地呈现出一个人的信任情况。

个人的诚信记录是评判其信任等级的唯一依据。政府应制定出一个评分的标准，以供各大网站参考，并监督每个网站用户是否出现过违反标准要求、散布虚假信息、扰乱网络治安等现象，并将其在网站中注册的用户名以及相关行为数据上报给政府个人信任评估机构，通过对信息的鉴别，根据相关规定调整对应信任属性的数值，并对该用户公开调整通知及原因。

当个人在网络上做出一些交易、买卖行为时，其信任等级将纳入网站、买家或卖家的考虑范围之内。

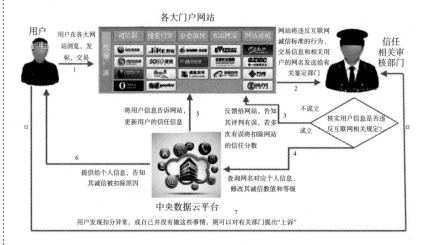

图10　互联网信任评价体系结构

步骤1：网络用户在各大网站上浏览，评论、转发，及进行交易等行为。

步骤2：网站会根据相关规定来评判用户行为，如果发现用户有违规行为，将用户名和相关信息发送给信任审核相关部门。信任审核相关部门接收到资料后，对其进行鉴定。

步骤3：若用户信息没有违反相关规定（发布正面言论，对网络言论起到正面引导作用），则反馈给网站评定信息，并提醒网站评判机制有问题，若多次评判错误将扣除网站相关信任等级。

步骤4：若鉴定确实该用户存在违反相关互联网规定的行为，有关部门将通过网站提供的用户名发送至中央数据云，查找其对应的真实身份，并按照规定相应减少（增加）其个人信任数值。

步骤5：将该用户新的信任等级发送至网站，及时更新。

步骤6：通过手机短信或其他方式通知用户的信任扣分（加分）信息，让用户在第一时间了解自身信任等级变化，以便提醒其自我约束。

步骤7：若用户发现违规行为并非本人所为，或者其他因素，可"上诉"至相关部门，来解决问题。

（2）参与角色的相关措施

1）个人用户

对于个人用户的信任等级，设立三级指标进行评价：

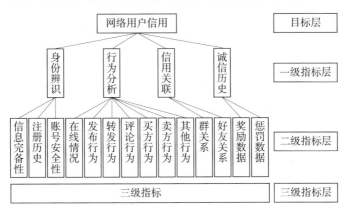

图11　个人用户信任等级指标

身份辨识：通过之前的身份实名制和网站提供的材料，这个辨识环节可以较容易地得到资料。

行为分析：通过网站给出的用户相关行为，鉴定并评判其相关处罚和奖励。用户所转发的内容，时间、买卖的物品、数量等信息都将会记录在中央数据云中，以便用户通过官网查询自己诚信记录案例。

信任关联：这方面可以通过好友对其的评价和相关网络"群"中的相互评价，给出网络用户相关个人诚信的评判标准，以供参考。

诚信历史：诚信历史就是记录用户个人的奖励和惩罚事件，诚信的客观评价不是一成不变的，若用户表现良好将会有所恢复。为了避免用户在恢复诚信数值后仍存在特定的违规行为，若诚信记录中已存在这类事件的行为处罚记录，则将对该用户加倍惩罚，或以其他手段惩罚。

没有互联网的时代，人与人之间的信任基础来源于自我辨别、可信的朋友推荐、依靠个人情感的判断。网络空间的信任要素（上线、发布、转载评论行为等）可以在原有的数据评判基础上，结合线下的评判，形成一个综合全面的互联网可信评判机制。如将现实中的违法乱纪行为与互联网上的谣言散播进行信息共享互通，结合两者综合判断给予违反者相应的信任降级和处罚，这样将更加全面地完善信任等级评判机制，合理有效地保障互联网的生态环境。

互联网层面的个人信任等级，国家还没有一个统一的评分标准，我们可以借鉴一些社交网站较成熟的评分机制[51]。

表3是新浪微博的评分机制：

表3　新浪评分机制

用户行为	扣分规则	扣分值
发布不实信息	相关信息直接转发数不超过100	2
	相关信息直接转发数为100～1000	5
	相关信息直接转发数超过1000	10

用户行为	扣分规则	扣分值
泄露他人隐私	通过评论发出的相关信息	2
	通过公开微博发出的相关信息	5
人身攻击	通过评论发出的相关信息	2
	通过公开微博发出的相关信息	5
冒充他人	强制更改冒充者账号信息，扣除其信任积分	5
内容抄袭	抄袭的内容直接转发数未超过100	2
	抄袭的内容直接转发数超过100	5
骚扰他人	判定为骚扰，扣除骚扰者的信任积分	5

表4是新浪微博信任恢复规则：

表4 微博信任恢复规则

扣分后信任积分区间	恢复规则
0~60	1. 连续60天未出现信任扣分，信任积分恢复到应得积分
	2. 如果恢复期间出现扣分行为，按照扣分后所处的信任积分区间规则执行。最低信任积分为0
60~80	1. 连续30天未出现信任扣分，信任积分恢复到应得积分
	2. 如果恢复期间出现扣分行为，按照扣分后所处的信任积分区间规则执行。最低信任积分为0

信任产生过程主要是用户举报、举报处理、信任计算、信任等级、低信任图标以及信任恢复的过程。初始信任积分为80。现在新浪微博还没有推出奖励积分。信任等级分为正常（80）、中等（60~80）以及低（0~60）。如果信任积分为0则注销账号。

国家可以借鉴这些标准建立出一套符合国情的个人信任评判标准，建议信任等级可以分得再细致一些，新浪只有正常、中、低三个等级，区分度不是很大，可能80%~90%的人都处于中级，这对区分个人信任不能起到很大作用。

2）网站、运营商

构建可信网站的良好环境，网站不仅需要遵守相关规定，严格执行国家标准，还需对网站中内容进行细致的审核，为可信互联网环境的建立打下良好的基础。在具体的网络工作中，网站须按照信任等级机制和用户的网络活动，给予用户一个客观公正的信任评价。同时，为营造良好的网络环境，网站应该形成一种自律的行为标准，严格要求自身的公正管理。同时，面对网站中网民的违法行为、过激言论以及其他情节严重的行为都应该立即提交给有关政府部门进行审核，不能包庇，如果发现或被举报网站自身存在评判不标准、不依照国家互联网标准来审核、刻意包庇不良商贩等情况，国家互联网职能部门将对网站进行全面调查，吊销营业执照，罚款等。门户网站和运营商都应该积极配合政府机构的相关调查，为互联网可信环境做出自己的贡献。

3）政府机构

① 制定用户信任评判标准

国际上以美国信任评级制度最为发达，穆迪投资者服务公司（Moodys Investors Service）和标准普尔公司（Standard & Poor's Corporation）是美国著名的两家信任评级公司。它们对信任评级都采用整体评级的办法，即对一个企业评定一个信任等级，又分别列出企业各项债务的信任等级，如债券、抵押、借款、无担保债务等的等级，一次评级，多方运用。对于信任评级的指标体系的建立，主要是以定性分析为主，定量分析相结合的方式，如穆迪公司对工业企业集团信任评级的分析主要从八个定性指标和三方面的定量指标出发。

邓白氏集团公司是商业市场上的信任评估机构，主要对各类大中小企业进行信任调查评级。经过100多年市场竞争，邓白氏集团公司成了美国乃至世界上最大的全球性征信机构，也是目前美国唯一的这类评级公司。邓白氏集团公司进行信任评估主要有两种模式：一种是在企业之间进行交易时对企业所做的信任评级，另一种是企业向银行贷款时对企业所做的信任评级。按照信任风险程度的高低，邓白氏集团公司向需求者提供不同等级的信任报告。邓白氏集团公司还创造了全球统一的 9 位数邓氏编码，用于识别不同的商业信息，每个邓氏编码对应的是邓白氏全球数据库中的一个企业的全部信息记录。目前，全球共有 6500 万家企业拥有了邓氏编码，邓氏编码成了这些企业的商业符号代表，与企业信任状况有关的信息将归并在这一编码下。邓氏编码由此得到了全球 50 多家贸易协会和组织机构的认可和推荐，包括联合国、国际标准组织、美国联邦政府、美国国家标准学会和欧盟等。[52]

@评估是由法国科法斯集团提出的一种低费用、易操作、信息灵的网上债务评级系统。@评估将企业的财政信任程度分为几个等级，分别以 R、@、@@、@@@ 和 @@@@ 作为标识，其中 @@@@ 为最佳。上述五个等级反映出受评估的公司贸易付款能力，依次为 1 万、2 万、5 万、10 万、10 万以上欧元或美元。@评估方案自身的特点显著。所有的贸易方均可通过网站免费查询某公司是否拥有 @ 级评估品质标识。@评估方案在全球范围提供"不付款风险"的保护，提供与康帕斯国际信息服务有限公司的网上链接，对其数据库中的 15000 万个公司和 23000 万个产品进行搜索。[53]

作为网上服务系统，@评估体现着对企业进行电子商务的需求。企业合理利用网上的交易信息，寻找新的供应商和贸易伙伴，快速传递商讨价格和交易条款，这样既增加了卖主的销售机会和买主的购买机会，提高了企业间信息交换的速度和准确性，又降低了交易双方的成本。目前，@评估在世界上得到越来越多企业的认可。

② 完善的审核机制

2012 年 6 月 28 日，国务院印发了《国务院关于大力推进信息化发展和切实保障信息安全的若干意见》，要求健全电子认证服务体系，建立互联网网站、电子商务交易平台诚信评价机制。工业和信息化部作为国家信息安全的主管部门，也将"推动网站可信评价体系建设，组织开展试点工作，促进网络信任体系建设"作为重点工作加以推动。为此，开展网站可信评价指标及评估模型的研究和制定，是贯彻落实相关部门文件精神以及重点工作安排的重要环节和有效途径，有利于电子商务网站诚信评价机制的建立，有助于推动网站可信评价体系建设。

目前，网站可信评价方式主要是审核权威备案信息，针对这种方式提出了相应的评价指标。权威备案信息评价指标是审核网站相关资质的过程中需要考察的指标，主要包括网站的主体情况、网站的基本情况以及网站主机的安全性三个方面。网站可信评价指标可以帮助互联网用户识别网站真实身份以及主体资质、网站安全情况等。网站主体是指网站所有者，须是依法登记并且能够承担民事责任的组织或个人。该指标主要包括主体身份、主体性质、经营范围、联系地址、联系方式、主体其他情况 5 个二级指标。

网站基本情况是指确保网站能够正常使用的基本条件的情况。该指标主要包括域名、IP 地址、ICP 备案情况、ICP 备案许可证、网站名称、网站负责人、网站其他情况 7 个二级指标。网站主机是指用来存放网站内容的服务器，网站主机安全性指标主要包括网站主机管理模式、网站主机的网络安全防护、网站主机机房及物理安全防护、网站主机应急措施 4 个二级指标。针对每个具体指标将其类型设为基础项或非基础项，其中基础项指标是必须满足的指标，非基础项指标可以增加网站的可信度[54]。

③ 惩罚机制

政府对互联网分级制度的惩罚措施主要应该集中在对个人用户、企业、监管部门的惩罚措施。

个人用户惩罚措施可以参照现有的银行对于个人信任评级降分措施，主要有对网络造谣人员的信任降级惩罚，对网络中个人不合法买卖的降级惩罚，对网络中个人不节俭行为的降级惩罚，对网络中个人利用他人名义实行的敲诈、勒索等违法行为的降级惩罚。企业用户惩罚措施可以参照现有的互联网用户信任评级办法，采用 AAA 评分制系统，对企业在网络中传播禁级别的视频降级惩罚、对企业在网络中欺骗消费者损害消费者权益降级惩罚、对企业在网络中不配合政府采用行政干预手段的降级惩罚、对企业得到消费者私人信息后从事商业活动并牟取利益的降级惩罚。对监管部门的惩罚可以参照《公务员》法中相关条例，对相关涉案人员采取警告、记过、记大过、降级、撤职、开除处罚，同时追究直接领导的责任。

建立完整的惩罚措施可以参照现有的银行对于信用卡评分设置的惩罚措施，建立惩罚模型，做好惩罚时间周期计算，健全惩罚与奖励措施。

建立完善的信用卡评分模型

对于各大商业银行来说，其信任评分系统大多是对客户所有的金融交易包括存款，理财，投融资的一个整合，而信用卡却没有一个专有信任评分模式。如一个在银行有几百万元存款的 6 星级客户可能拥有的信用卡额度才有几千元，这样就造成了信任信息不对称，对目前的信用卡客户没有一个更细化的信用卡模型。首先，信用卡评分模型要与商业银行的个人信任评分系统相独立，发卡行可以邀请个人信任良好的客户办理信用卡，对于已拥有信用卡的用户，根据其资信状况进行评分定级，使客户得到优化、细分。其次，一旦客户的信用卡评分确定，发卡机构要以准确的授信额度和相对应的后续服务来使客户体验到使用信用卡的方便和快捷。最后，对于不同星级的客户要有不同的产品维护策略，尤其是在还款方面，一般情况下若客户没有按时还款，银行都会以相关方式进行催款，而对于贡献较高的星级客户，若前两次没有按时还款，银行可以用短信进行善意的提醒，不要过多催收，以免使其厌烦继而放弃使用卡片。拥有了完善的信用卡评分模式，就有一个科学、理性的系统来避免持卡人和商业银行之间的信任不对称。

与生命周期理论相结合

由于信用卡可以为银行带来很高的收益，因此我国各大商业银行信用卡的竞争似乎已经到了白热化的阶段，各大商业银行追求发卡量，追求低风险，这时往往会忽略客户自身的发展价值。比如一个客户想申请高额度的信用卡，递交了申请表，结果由于综合评分没有达到要求而被拒绝，这个时候一般的商业银行往往对此类客户停止了审核抑或是单方面终结对其的信任。而客户往往随着自身发展，经济水平也会日益提升，这时需要发卡行对其进行动态的复核。近些年，很多学者都将国外生命周期理论引进到信用卡领域，将信用卡产品分为研发、维护和退出三个时期，发卡银行在不同的市场阶段需要采用不同的产品识别方法、产品定价和市场策略。但是信用卡生命周期理论的应用存在没有完整管理体系、重复营销增加营销成本等缺点，其根源在于发卡行只从信用卡产品出发，并没有有效地兼顾不同的客户。因此，将信用卡客户评分和生命周期理论相结合，既可以使信任评分系统更加细化，使不同的客户享受到相应产品的服务，又可以完善信用卡产品的生命周期理论[55]。

健全个人信任评分模式的因素

目前，各大商业银行一般是从个人的年龄、学历、职业、职位、任职年限、家庭财产及收入状况等这几个方面来做信任评分，对于信用卡来说这几个方面固然不可缺少，但是并不能将客户对信用卡使用的潜在意识表现出来。虽然在客户初次办理信用卡时可以依据这7个要素给予其适合的信任额度，但是随着信用卡的使用还应该结合别的因素判断给予客户的授信。在国外的信用卡评估标准当中还有一项指标很重要，那就是态度，态度是指持卡人是否愿意在到期还款日主动承担所用资金。态度这项因素很重要，但往往不好把握，把握好这个因素可以使发卡行所承担的信任风险大大降低。

④ 对用户信任信息开放自我查询机制

我们不仅要建立完善的奖惩措施，还要建立一套可以自主查询的体系，这套体系可以建立在大数据云下，用户可以通过短信查询个人信任等级，可以通过网络查询个人信任等级加减分详单，可以通过记录追寻到相关企业与网站，网站可以通过现有的互联网审核机制查看网络评级等。

用户短信查询。这套机制可以参考现有中国移动联通短信查询方式，让用户可以享受到的是快捷的服务和不变的模式，缩小了因为模式变动带来的抵触感。

网络查询。这套机制让用户可以像查询自己余额宝消费记录一样方便地查到自己什么时候降分，什么时候加分等信息。在设置网络查询的时候需要考虑的是审核机制，只有严把审核关，才能让用户对网络开始信任、对政府信任。同时网络查询安全性需要做到几层防护，保障个人利益，保障政府数据安全，保障企业商业机密。

行为追寻这个系统可以添加在网络查询界面内，通过现有的网页设计，如 CSS，D3，Jquery 等手段，实现网络页面的互动，实现各种好看的设计模式。

网站查询自己的信任评价，现在这套系统可以说已经建立好了，主要是参照互联网网站信任评价内容，在互联网信任评价中再追寻到具体公司，实现实体公司与虚拟网络的连环绑定。

综上所述，政府部门在建立互联网信任评价体系时，需要建立用户分数评判标准，并建立惩罚机制，政府还需要完善用户分数评判的审核机制，保证用户互联网信任的公平与公正，最后为了增加用户体验性，政府还可以建立短信提示、信任等级网站查询来方便用户及时了解自身分数的增减。

7.3　信息共享机制

在完成了身份认证机制和用户信任分级机制的基础上，建立信息共享机制，可以有效将网络主体的信任度进行综合与传播，形成网络主体真实的信誉情况。若是没有信息共享，用户在不同网站上的信任程度无法得到传播，形成信息孤岛，无法发挥身份认证机制与用户信任分级机制应有的作用和价值。而在信息共享的作用下，网络用户能对其他网络主体具有直观认识，从而对其行为的可信度进行判别，用户本身也会对自身行为进行约束并负责，从而产生一个自我完善、长期有效的可信互联网生态系统。

7.3.1　信息共享概况

（1）信息共享的定义

信息共享指不同层次、不同部门信息系统间信息和信息产品的交流与共用，也就是把信息资源与其他人共同分享，以便更加合理地达到资源配置、节约社会成本、创造更多财富的目的。信息共享也是提高信息资源利用率，避免在信息采集、存储和管理上重复浪费的一个重要手段。其基础是信息标准化和规范化，并用法律或法令形式予以保证。信息共享的效率依赖于信息系统的技术发展和传输技术的提高，必须严格在信息安全和保密的条件下实现。当然，不同国家的信息共享程度是不一样的，当前看来，西方国家的信息共享程度要大得多。信息共享机制的缺少对各行业、各部门间，无论是工作方面的合作还是科研方面的数据需求都有极大的阻碍作用[56]。

（2）信息共享的原因

信息资源本身具有共享性，共享是信息资源的一种天然特性，信息共享使得信息快速传播，从而发挥信息最大的价值。传统资源的利用总是存在着明显的竞争关系，某人对某种资源的利用是以他人利用的减少，甚至无法利用该资源为前提的。信息资源则不同，同一种信息资源可以在相同的时间、相同的地点或者不同的时间、不同的地点为多个用户所共享与利用。在排除技术和人为约束（如知识产权法律制度的约束）的条件下，信息资源是可以共享的，而且，信息的价值随着信息被更多人共享而逐渐提高，信息在共享的过程中，被逐渐丰富而产生相应的变化和发展。

（3）信息共享的作用

① 信息共享能够最大限度地实现信息资源的价值

只有通过共享，信息才能最大限度地实现其价值。如果信息产生之后不被人所知，那么其价值是非常有限的，甚至不能实现价值。信息只有进入公共领域，它的价值才能被社会所承认。信息作为一种特殊的资源，本质上有易于共享的特性，同一信息可以同时为许多人所拥有和使用，信息本身不具有排他性，参与同一信息处理和使用的个体越多，信息的社会价值或经济价值增长就越快，因为信息往往通过主体间的信息交互来获得价值增值，信息的绝大部分价值来源于大量个体分享信息所产生的规模效益。从社会利益来看，信息共享将信息以一定的形式公开，使处于信息资源以外的个人或机构能够获取和利用信息，使用信息的人数越多、次数越多，信息的价值就越多，社会生产力的发展也越快。

② 信息共享能够提高组织的决策水平

决策就其本质而言是一个对信息进行收集、传输、加工、处理、变换，最后输出的过程。任何一项决策都离不开信息，信息是决策的基础。决策者需借助信息发现组织面临的问题，依靠信息明确各约束条件，确定决策目标，根据所掌握的信息进行科学合理的预测，制定各种可能的行动方案，根据信息对各备选方案的可行性、收益性、风险性等进行研究分析，最终确定一个最佳行动方案，通过指令信息的逐级传递将决策方案付诸实施，并将结果信息反馈给决策机构，以影响新一轮的信息输出。管理者通过信息指挥、协调组织各部门的运行，促进各部门间的协作与沟通，所以决策的一切活动都离不开信息。

③ 信息共享能够提高信息获取的效率，减少信息搜寻成本

信息共享可以避免资源浪费。在传统社会中，不同的组织拥有不同的信息，信息的拥有具有一定的独立性。大多数情况就是各个组织分别通过自己的信息收集渠道各自独立地收集和处理信息、独立地建立自己的信息库和信息体系、各自使用各自的信息。这种相互之间并不互联互通的信息模式既造成重复建设，浪费了大量的人力、物力和财力资源，又易造成信息的准确性和完整性得不到保障[57]。现代社会组织的专业分工越来越细，一个组织专注于某一领域，使得它们在这一领域的信息搜集、加工、处理等方面与其他组织相比具有独到的优势，信息共享可以降低其他组织此类信息搜集成本，实现社会总效益的最优化。也就是说信息共享可以使组织有效地利用组织内外部资源，降低组织信息成本，提高资源的利用效率。信息社会迅速发展的主要原因就在于信息的高度共享，信息共享是信息社会发展的原动力，信息共享是实现社会收益最大化的过程，从这个角度讲，信息共享是信息社会的必然要求[58]。

（4）我国信息共享现状与面临的问题

信息共享的基础是信息标准化和规范化，并用法律或法令予以保证，必须严格在信息安全和保密的条件下实现。由于我国行政采用分块式管理，各部门各领域间相互独立，各部门均具备自己的信息体系，甚至部门内部各科室的信息系统都不统一，数据一家独用，数据结构混乱，各类信息缺乏共享，信息流通性较差，导致行政效率较低，各类事件应急处理能力较弱。恳请有关部门对这些状况予以重视，以下通过几个层面对上述状况进行分析。

1）法律问题

从国外的经验来看，确立必要的规章制度是促进资源共享的有力保障。根据调研情况，欧美发达国家对资源共享合作都极为重视，纷纷颁布各种法规、条例来保障信息共享。而我国恰恰缺乏法律的约束，这极大地影响了资源共享的进程。同时，网络信息资源在传递和利用的过程中会涉及许多问题，尤其是知识产权方面的问题。而且，目前的法律环境也没有针对网络信息资源的知识产权保护。由于网络具有开放性和信息资源的易复制性，所以信息共享存在的风险就是信息资源易被他人窃取。信息资源共享中的知识产权保护主要有三方面的问题：一是信息收集过程中的知识产权保护问题，二是信息在制作过程中的知识产权保护问题，三是进行信息资源链接中的产权问题。[59]

对于上述问题，我国应该进一步加强法制建设，尽快调研，完善相关法律，以立法的形式加强信息共享中用户数据和知识产权保护。政府以及相关立法部门应尽快完善法律体系，制定具有针对性的法律，明确网络资源的知识产权界定和相关法律要求，明确信息资源共享者的法律地位，对侵权者要依法给予相应的惩罚。制定的相关法律和管理制度要符合我国国情，不能给我国造成不良的影响和损失，同时也要考虑到遵循国际公认原则，与国际接轨。

2）标准化问题

在信息共享中由于缺乏统一的标准，对信息资源描述的方式不统一，控制系统传输协议不统一，导致许多信息不能有效兼容。另外我国政府各部门间目前还没有统一的信息基础设施软件及硬件平台，现有的检索智能化程度较低，导致共享信息出现困难，形成信息孤岛，信息价值无法得到很好体现。

信息资源的标准化建设是信息资源最终实现共享的基础，尤其在网络环境下，信息资源的标准化建设更加举足轻重。信息资源标准化是信息共享系统实现互联互通、信息共享、业务协同、安全可靠的前提。在信息共享活动中，要制定统一的信息资源建设标准和技术规范，不要求形成统一的管理系统，但是要提供统一接口和数据形式，形成一个可以共享的网络平台。同时，信息资源标准化建设也是保障信息安全的必要手段。

因此，应当加强信息资源的标准化建设。标准化是信息资源自动化、网络化的基础。信息资源的标准化建设主要应明确信息采集的标准，保障信息资源使用的有序性，确立信息检索标准，统一网络平台建设和网络资源建设标准，包括传输控制与关联交换协议、信息资源网站评估、信息资源组织标准等[60]。此外，信息资源的标准化建设应考虑以下几点。

① 确定信息收集的标准，确保信息资源的有序性。这就要求建立有效的信息资源管理机制，可以设立一个信息过滤网站，对收集的信息进行整理、组织和分类。

② 确立信息的组织和存储标准，开发信息资源数据库必须要注意数据处理的统一性、规范性、相通性，确保信息的标准化。

③ 制定检索标准及提高搜索引擎的功能。网络上的信息资源必须要经过分类、组织，使各种信息资源得到有效的规划，使用户能方便地检索到自己需要的资料，提高信息检索的准确率。进一步完善搜索引擎，提高对信息资源搜索的效率。

3）信息安全与隐私问题

事实上，基于网络的信息共享存在着严重的信息安全问题。信息安全涉及信息系统的网络安全、数据库安全、信息资源安全、个人隐私和保密、国家机密保护等问题，特别是隐私信息的泄露、更改、破坏等，如何在信息共享和信息隐私保护两者之间保持平衡，其意义重大、刻不容缓。

信息共享和信息隐私保护两者有着辩证对立统一的关系。一方面，信息共享要求信息资源大规模地开放并无偿或低成本使用，限制信息专有，反对信息垄断；信息隐私保护则要求敏感信息保密而不泄露，不允许无条件地公开及非法访问，强调信息的专用性、垄断排他性。另一方面，隐私信息属于个人的私密信息，同时又是具有价值的信息资源，信息隐私保护可让隐私信息实现安全可靠的共享，不会遭到非法用户的访问、破坏、更改，信息共享系统因此便能赢得隐私信息所有者的信任，从而有利于获得更多的隐私信息，以促进更大规模的信息共享，创造更多的社会财富。

信息共享中信息隐私的保护是一项重点工程，其目标主要有保护信息在共享过程中的保密性、完整性和可用性[61]。

① 保密性是信息隐私保护的基本目标，它是隐私信息与生俱来的特性。在信息资源共享过程中，首先，要保护好信息共享系统的硬件和软件，使隐私信息不被非法窃取；其次，要对信息共享系统中隐私信息进行加密保护，这样非法窃取者即使获得隐私信息也不能了解真实的含义；

② 完整性是信息隐私保护的重要目标，在保护信息共享系统中隐私信息始终一致，既要阻止非法用户蓄意地破坏，还要阻止合法用户无意地破坏；

③ 可用性是信息隐私保护的不可或缺的目标，在合法用户正常共享隐私信息时不会延迟响应，更不会被不正当地拒绝。

7.3.2　信息共享机制实施方案

（1）信息共享机制

构建互联网可信生态环境的网络信息共享机制，目标是将部分可公开数据共享于全网，使网民对其他网络主体的信誉情况有一定的了解，从而选择信任或是拒绝相信对方的言论及做法，使网络信任体系发挥应有的作用。其中，用户和网站的信任等级信息应作为网络主体信誉情况的主要参考指标。如何将不同网站上不同 ID 号还原为一个真实用户，如何将各用户的信任等级数据在各大网站间进行共享，并保持该数据的动态更新，形成一个良性循环的生态链，是可信生态环境的网络信息共享机制重点要解决的主要问题。根据项目要求，结合签名身份认证机制与信任分级机制，对用户信任等级建立信息共享机制，如图 12 所示。

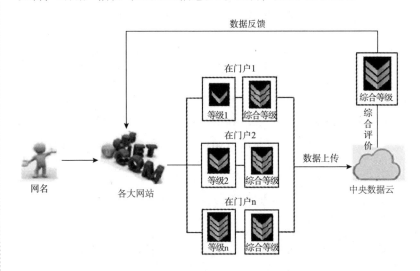

图 12　用户信任等级信息共享机制

从图 12 可知，根据网络信息共享机制，用户在不同的网站拥有不同账号和身份，网站或其他用户根据该用户在本网站的行为表现（如发表言论、网络购物、转载信息等），基于用户信任分级体制对用户的信任水平进行评分。因此用户在不同的网站拥有不同的信任等级。这些等级数据被定期地上传到中央数据云，中央数据云根据各网站上传数据，对每个用户的信任等级进行综合评价，得出用户综合等级情况，并将该数据反馈至各大网站，各网站收到反馈数据之后，对用户信息进行更新。从而，在身份识别机制作用下，用户网络身份得到统一；在信任分级机制的作用下，用户的网络信任度得到确定；在信息共享机制的作用下，用户的信任情况得到传播，其价值得到体现。从而形成整个可信生态机制的良性循环。

另外，对于网站信任等级，由本研究报告信任分级体制确定，并显示于各网站主页处，用户可直接查看到所在网站的基本信誉情况。同时，监管部门对网站的信任度得分具有监督权，根据相关规定对虚构信任级别网站进行处理。

（2）参与角色的相关措施

1）政府监管机构

政府适当加大对信息共享机制的重视与投入，由政府牵头，大力推进信息共享的进程。同时，相关机构要履行保护用户隐私及合法权益的责任和义务，制定统一的信息共享管理规范，技术部门确定统一的信息共享接口规则。相关评判部门要根据各领域数据，制定综合评判标准，对个人和网站做客观评价，杜绝内部暗箱操作等非法行为。监管部门加大对网站的定期抽查力度，及时处理和通报虚构信任级别等行为。做到"谁主管谁负责，谁发证谁监管"，各部门必须履行好相关义务，做到规范管理，权利为民。

此外，政府部门可根据此次契机，采取措施解决内部各系统的信息共享问题。具体来说，政府建立一个连通各部门信息系统的云计算平台，通过数据的共享，构建一个能够应对大规模灾害和网络攻击的强大的政府信息系统。

2）服务提供商

在构建可信互联网环境的初期，网站不仅需要积极配合开展用户身份认证的相关工作，还需要参与制定信息共享的标准化和规范化工作，为信息共享机制的建立打下良好的基础。在具体的网络工作中，网站须按照信任等级机制和用户的网络活动情况，对用户进行客观公正的信任评价。并且定期向中央数据云提交用户信任等级数据，在接收数据云反馈的用户等级信息后，及时更新本网站的用户综合信任等级。同时，遵守互联网相关管理细则，提高网站服务质量，做好本网站管理人员的教育工作，规范网站内部管理，严肃处理预留后门、泄露数据及私自篡改用户等级数据等行为。此外，网站管理人员应统一认识，对违法违规的网络信息应及时予以清除，杜绝低俗恶劣的内容。

3）个人用户

个人用户在信息共享机制中具有重要的作用，是信息主要的来源之一。首先，用户应遵从网络道德，在对网站、个人等网络主体进行评论时，应秉持正确的态度和良心进行评价，不可恶意差评。其次，即使在网络环境中，用户也有维护社会稳定和国家安全的责任和义务，不在网络上制造和传播不法言论，发现虚假信息或恶意评价时，应及时进行举报，为营造健康可信的互联网生态环境出一份力。最后，用户也必须养成保护自己隐私和维护自身合法权益的意识和习惯，发现自己的网络信任等级被恶意降低时，应及时向有关部门举报申诉。

第8章　构建可信电子商务生态环境

8.1　我国电子商务生态环境现状

21世纪的今天，电子商务的产生和发展不仅改变了传统的交易模式，而且也改变了商业伙伴之间建立的合作关系模式，电子商务充分利用了现代通信技术、网络技术、电子支付技术、电子数据交换技术、数据库技术等技术，促进了全球经济的发展，为社会经济、人类生活带来了全新的生活体验和更高的生活质量。

然而有利必有弊，在如此大的网民基数以及高增长率的情况下，电子商务要想有深远而稳定的发展也必须下一番苦功。比方说电子商务下的诚信问题就严重影响和制约着其发展。

8.1.1　我国电子商务发展概况

中国互联网络信息中心第二十四次互联网络发展状况统计报告指出：截至2009年6月30日，中国网民规模达到3.38亿人，普及率达到25.5%。网民规模较2008年年底年增长4000万人，半年增长率为13.4%，中国网民规模依然保持快速增长之势，如图13所示。

图 13 我国网民规模发展情况

在如此高增长、高普及的大环境中，电子商务以其高效、简捷、成本低等特点为人类活动带来了巨大的机会和利润。阿里巴巴在 2009 年第一季度的《中国 B2B 电子商务市场诚信报告》中指出网民目前最担心的几种安全问题如图 14 所示。

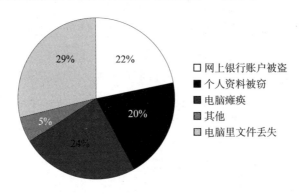

图 14 我国网民担心的安全问题分布情况

另外，中国电子商务诚信联盟的调查显示：仅 2005 年上半年，联盟就接到了共 108 起消费者投诉。其中诚信联盟的发起单位被投诉率近 60%。这其中，涉及网络游戏的投诉案件有 63 起，网上拍卖的 15 起，B2C 电子商务的 4 起，网上支付的 2 起，非联盟会员为 24 起。在这 108 起投诉案例中，90% 的投诉者已经在相

应网站上投诉过。在占总投诉量 61% 的网络游戏的投诉中，90%
投诉是针对有关网络游戏运营商卡机卡号、客户服务态度、游戏
外挂、虚拟装备被盗等问题；在占总投诉量 14% 的针对网上拍卖
的投诉中，85% 的投诉与商家的实名身份认证是否真实可靠有
关，80% 的消费者因对网上交易主体身份不确定而对交易不放
心；在占总投诉量 23% 的投诉非联盟企业投诉中，95% 的投诉
是虚拟网站存在的诈骗问题。在其他的投诉中，42% 的投诉反
映了网站交易中的安全问题；5% 反映了物流配送的专业化和现
代化问题；4% 的投诉反映了电子支付的证据问题；9% 的投诉
反映了网络虚拟财产的赔偿问题；40% 的投诉反映了虚拟网站
存在的诈骗问题。

这些数据说明网络安全成为各界十分关注的问题，网络安
全不容小视，安全隐患有可能制约电子商务、网上支付等交易
类应用的发展。可以说在电子商务全球化的发展趋势中，电子
商务交易的信用危机也悄然袭来，虚假交易、假冒行为、合同
诈骗、网上拍卖哄抬标的、侵犯消费者合法权益等各种违法违
规行为屡屡发生，这些现象在很大程度上制约了我国电子商务
乃至全球电子商务快速、健康的发展[62]。

8.1.2　电子商务可信认证现状

一般认为，电子商务可简单分为 B2B、B2C 和 C2C 三种类型。
业务模式不同，可信认证方式也不同。

（1）B2B 业务

一般的 B2B 业务模式为以下内容：电商建立网络平台；企业
申请成为会员（卖方）；买家依据产品需求在电商提供的平台上
寻找适宜的卖家；买家与卖家进行商务谈判后达成交易。

在 B2B 模式下，电商的收入一般来自卖方的会员费或者业务
达成后的抽成。一个电商能否吸引到尽可能多的买家到自己的平

台上购物，是业务成败的一个关键因素。任何一个买家，在下单前都会考虑卖方所提供产品的质量、价格、交货期、服务。此外，在电子商务中，买家往往还会考虑交易风险。买家可以从电商平台上的卖家介绍中获得卖家信息，但是，这些信息是否可靠？这是令买家迟疑的地方。不同的电商为了解决这个问题，一般采取两种做法：自己检查卖家的资质证件或实地调查；委托专业的检验认证机构到企业实地审核。

由于可信认证机构的专业性和公信力，越来越多的电商倾向于外包对卖家的实地审核业务。阿里巴巴、中国制造、环球资源等知名电商是这方面的先行者。

不同的电商依据自己的买家特性，设计了不同的审核要求。一般来讲，可信认证包括卖家的合法性证件、质量管理体系、产品和设备的展示等。当前审核最全面的电商，莫过于阿里巴巴，其调查表除以上内容外，还包括视频展示。

（2）B2C 业务

和 B2B 的买家不同，B2C 的买家更多地关注产品本身的品牌、质量、价格和信用。卖家的类型可以归为以下三类。（1）卖家本身就是知名品牌，由卖家和电商共同对产品进行担保，如京东的电器产品。（2）卖家的商品由电商的信誉来担保，如淘宝的无名良品、QQ 网购、ebay 等。（3）买卖双方自由选择，电商不做任何担保。

可信认证主要在以上第二项里。目前的业务类型，主要是由检测认证机构的实验室依据国家标准或国际标准，接受电商的委托，对送样产品进行测试并提供测试报告。电商依据测试报告，确定卖家是否具有网上销售的资格。

（3）C2C 业务

由于电商本身不参与 C2C 业务，且交易金额不高，几乎没有可信认证的业务。

8.1.3 电子商务信用体系现状

我国现有的电子商务信用体系可以基于两种不同的方式进行分类。[63]

（1）基于经营模式的分类。基于经营模式可以分为中介人模式、担保人模式、网站经营模式和委托授权模式。

1）中介人模式

中介人模式是将电子商务网站作为交易中介人，达成交易协议后，购货的一方将货款，销售的一方将货物分别交给网站设在各地的办事机构，当网站的办事机构核对无误后再将货款及货物交给对方。这种信用模式试图通过网站的管理机构把持交易的全过程，虽然能在一定程度上减少商业讹诈等商业信用风险，但却需要网站有充分的投资去设立众多的办事机构[64]，这种方法还存在交易速度慢和交易成本高的问题，难以普及。

2）担保人模式

担保人模式是以网站或网站的经营企业为交易各方供给担保为特点，试图通过这种担保来解决信用风险问题。这种将网站或网站的主办单位作为一个担保机构的信用模式，最大的利益是使通过网络交易的双方降低了信用风险，但却加重了网站和网站经营商的责任。而且担保过程中，有一个核实谈判的过程，相当于无形中增加了交易成本。因此，在实践中，这一信用模式一般只适用于具有特定组织的行业。

3）网站经营模式

网站经营模式是通过建立网上商店的方法进行交易运动，在取得商品的交易权后，让购置方将货款支付到网站指定的账户上，网站收到货款后才给购置者发送货物。这种信用模式是单边的，是以网站的信用为基础的，它需要交易的一方（购置者）绝对信任交易的另一方（网站）。这种信用模式主要适用于从事零售业的网站。但也正是这种单边的信用模式，成为 B2C 电子商务发展的阻碍。

4）委托授权经营模式

委托授权经营模式是网站通过建立交易规矩，请求参与交易的当事人按预设条件在协议银行中建立交易公共账户，网络盘算机按预设的程序对交易资金进行管理，以确保交易在安全的状态下进行。这种信用模式中电子商务网站并不直接进入交易的过程，交易双方的信用保证是以银行的公平监督为基础的。但要实现这种模式需要银行的参与，而要建立全国性的银行委托机制则不是所有的企业能够做到的。

目前这四种模式虽然得到了广泛的应用，但各自存在的缺点也是显而易见的。特别是，这些信用模式所依据的都是企业性规范，缺乏必要的稳固性和权威性，这就极大地制约了电子商务的快速健康发展。[65]

（2）从企业角度分类

由于企业不是独立存在于社会，尤其是电子商务企业，时时刻刻与各种企业进行交易联系，这样就存在很大的风险，如何转嫁风险就是其要考虑的问题。

1）电子商务企业构建的第三方担保制度

电子商务信用一般有网络身份证、信用评级、网络信用担保、第三方担保几种形式，而第三方担保则是我国电子商务企业采用最多的一种形式。一些著名的电子商务网站纷纷建立了第三方担保制度，如易趣的“安付通”、淘宝网的“支付宝”等[66]，如表5所示。

总的来讲，它们的原理是基本一样的：由网站本身和商业银行或企业组成独立的第三方，参加交易的买卖双方通过第三方完成交易。具体流程如图15所示。

表5　部分电子商务网站及其第三方构成

支付工具	安付通、贝宝	支付宝
网站	易趣	淘宝网、阿里巴巴中国站
第三方构成	易趣联、中国工商银行、中国建设银行、招商银行、银联电子支付服务有限公司	淘宝网、中国工商银行、招商银行、中国建设银行、中国农业银行、广东发展银行、兴业银行等

图15　含第三方支付的交易流程

同时，对于严格按流程操作后由于其他各种原因造成经济损失的，各电子商务企业也推出了相应的赔偿制度，如易趣网的"安付通保障基金"、淘宝网的"全额赔付制度"等以配合其信用制度[67]。

2）电子商务企业的信用评级制度

其实，无论是易趣、淘宝网、e拍网还是其他电子商务网站，它们的信用评级体系都大体一致，基本如图16所示。

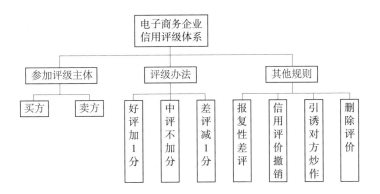

图16　电子商务企业的信用评级制度

从图16可以看出，参加评级的主体是参与交易的双方根据交易情况对本次交易方选择好、中、差评。这个评价将永久记入对方的信用记录里面。如淘宝网的会员等级可由 15 个级别构成。当然，针对一些特殊情况，相应地制定了其他规则予以补充。同时，各个网站还推出了论坛，使大家通过参与讨论、交流经验来杜绝诈骗。

3）电子商务企业内部的调解机制和企业诚信联盟的建立

各大电子商务交易网站都有类似于仲裁机构的协调机制，企业内部也设置了法律部门，交易双方发生纠纷后首先进行协调，协调不成再诉诸法律。

8.2 可信身份认证机制在电子商务领域中的实现

用户（消费者）在电子商务网站（如淘宝网、京东商城等）上浏览商品信息时，并不需要进行注册与身份认证，用户要购买、评价商品之前，需要进行注册以及真实身份认证；对于已经注册但尚未进行实名认证的老用户，在与商家进行下一次交易之前，必须先完成认证。这就类似于人们在生活中购买一份报纸并不需要什么手续，而要在报纸上发布信息，则需要出示相关证件。不同的是，网站账户的实名认证只需进行一次，用户通过该账户进行商品消费与评价，无须再次进行实名制认证。

商家在电子商务网站上开店销售商品之前，必须按照该网站要求，提供真实身份证件，签署相关合同协议（如消费者保障协议），交纳租金与保证金，并遵循电子商务相关法律法规与管理条例等。同时，应加强店内管理，规范服务，并严禁商家内部员工泄露甚至出售消费者数据等行为，保障消费者合法权益和隐私。

电子商务类网站属于经营性互联网，注册公司的类型是网络科技有限公司，根据中华人民共和国国务院令第 291 号《中华人民共和国电信条例》、第 292 号《互联网信息服务管理办法》，中华人民共和国国家工商行政管理总局《网络交易管理办法》，国家对提供互联网信息服务的 ICP 实行许可证制度。经营性网站不仅要在工商部门备案（营业执照），而且必须到各地通信管理部门办理 ICP 证，否则就属于非法经营，涉及 ICP 管理办法中规定须要前置审批的信息服务内容的，需取得有关主管部门同意的文件。此外，要有健全的网络与信息安全保障措施，包括网站安全保障措施、信息安全保密管理制度、用户信息安全管理制度等。

8.2.1 基于实名制手机验证码的电子商务身份认证方案

根据上文基于实名制手机验证码的身份认证机制，结合电子商务领域特性，设计基于实名制手机验证码的电子商务身份认证方案，假设新用户到某电子商务网站 S（如淘宝网）购物，或是该网未实名认证的老用户要购物，则具体认证流程图和认证过程如下。

① 用户进入某个网站 S，点击"注册"，网站跳转到由政府部门搭建的"网络身份信息认证网站"，显示用户在注册网站 S 新账户，要求用户填写认证信息；

② 用户在"网络身份信息认证网站"填写个人身份证号和已实名认证的手机号，未进行手机实名认证的用户，可以填写个人银行卡账户及该账户所绑定的手机号，点击"获取短信验证码"；

③ "网络身份信息认证网站"将用户信息与中央数据云的手机实名认证数据库进行匹配，若是信息正确，则发送短信验证码到用户手机，进入步骤④。若是匹配失败则提示信息错误，并返回步骤②；

④ 用户在网页上填写短信验证码，点击"认证"通过认证，若是验证码正确则从"网络身份信息认证网站"跳转回网站 S 的注册界面，以完善用户信息，如用户在网站 S 的 ID、昵称、口令密码等，并进入步骤⑤。若验证码错误，返回步骤②；

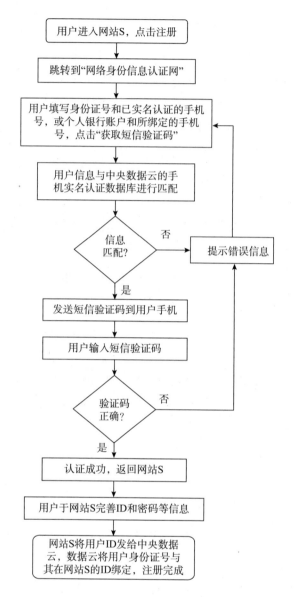

图17 基于实名制手机短信验证码的电子商务身份认证方案

⑤ 用户在网站 S 完成注册，网站 S 将用户 ID 发给中央数据云，中央数据云将用户在网站 S 的 ID 与用户身份的对应信息保存起来，用户注册成功，可以采用其自定义的 ID、昵称以及口令密码进行登录。

8.2.2　基于网银 U – Key 的电子商务身份认证方案

此方案中，身份认证的网页与上文"基于实名制手机验证码的身份认证"一样，为官方"网络身份信息认证网"。该网站可由浏览器直接显示，进行明面上的实名认证，用户在认证的时候，只需输入个人身份证号，并将 U – Key 插入主机，点击读取 U – Key 基本编号信息即可完成认证。也可以由专门的安全浏览器进行后台静默实名认证，由安全浏览器读取用户银行账户、身份信息以及 U – Key 基本编号信息并上传给身份认证网，从而完成用户身份认证，而且可以利用此浏览器所读取的信息完成低额度的安全

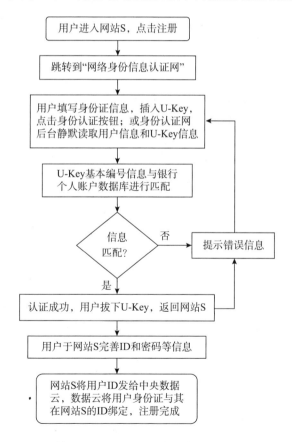

图 18　基于网银 U – Key 的电子商务身份认证方案

快捷支付。在此仅对其身份认证过程进行详细阐述,假设用户要在电子商务网站 S 注册新账户,或未实名认证的老用户进行认证,则基于网银 U–Key 的电子商务身份认证流程图和认证过程如下。

① 用户进入某个网站 S,点击"注册",网站跳转到由政府部门搭建的"网络身份信息认证网站"(也可于计算机后台运行),显示用户在注册网站 S 新账户,要求用户填写认证信息;

② 用户在"网络身份信息认证网站"填写个人身份证,并将 U–Key 插入主机,点击身份认证按钮;获取 U–Key 基本编号信息;或是由"网络身份信息认证网站"于用户计算机后台读取用户银行账户信息和 U–Key 基本编号信息;

③ "网络身份信息认证网站"将用户身份证与 U–Key 基本编号信息发送到银行个人账户数据库进行匹配,若信息匹配,则从"网络身份信息认证网站"跳转回网站 S 的注册界面,以完善用户信息,如用户在网站 S 的 ID、昵称、口令密码等,并进入步骤④。若验证码错误,返回步骤②;

④ 用户在网站 S 完成注册,网站 S 将用户 ID 发给中央数据云,中央数据云将用户在网站 S 的 ID 与用户身份的对应信息保存起来,用户注册成功,可以采用其自定义的 ID、昵称以及口令密码进行登录,在该电子商务平台购物。

8.2.3 基于指纹特征的电子商务身份认证方案

基于指纹特征的电子商务身份认证方案,用户操作相对比较简单,而且不用随身携带辅助设备。假设某用户要注册成为电商网站 S 的新用户,则此方案的具体认证流程图和认证过程如下。

具体操作步骤如下:

① 用户进入电子商务网站 S,点击"注册",网站跳转到由政府部门搭建的"网络身份信息认证网站",要求用户填写认证信息;

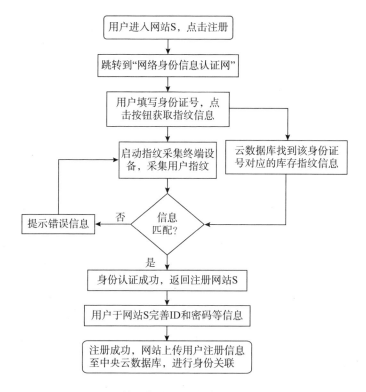

图19 基于指纹特征的身份认证流程图

② 用户在"网络身份信息认证网站"填写身份证号，并点击指纹识别按钮；

③ 指纹采集器被启动并采集用户指纹，将加密后的指纹信息与中央数据云中用户的指纹信息作比对。若匹配，则用户身份认证成功，进行下一步。否则返回步骤②；

④ 返回网站S注册页面，用户完善个人注册信息，如ID和登录口令等；

⑤ 网站S把用户注册信息上传至中央数据云，数据云将该信息与用户身份信息绑定并保存。

综上所述，用户通过可信身份认证机制的四种具体的方案中的一种，可完成其电子商务账户与社会身份的关联，将对应关系存于中央数据云中。

8.2.4　基于 eID 的电子商务身份认证方案

基于 eID 的电子商务身份认证方案，实际操作过程与基于网银 U-Key 的电子商务身份认证过程相似。假设某网民要注册成为电商网站 S 的新用户，则此方案的具体认证流程图和认证过程如下。

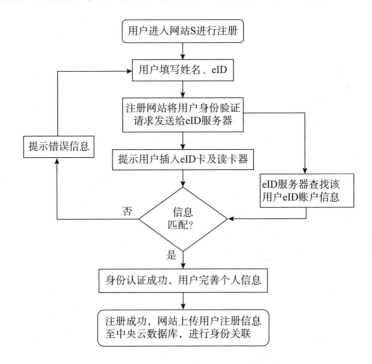

图 20　基于 eID 的身份认证流程图

具体操作步骤如下：

① 用户进入网站 S 进行注册，填写个人姓名及 eID 号；

② S 网站发送身份认证请求（也可为账户绑定请求）到 eID 认证服务器，并提示用户插入 eID 信息读取设备及 eID 卡；

③ 认证服务器根据用户 eID 卡内运算结果返回用户所持有 eID 的有效性信息：若信息有效，则用户完善个人信息并完成注册；否则提示错误信息，用户返回步骤①重新认证；

④ 注册成功，网站 S 上传用户注册信息至中央云数据库，进

行身份关联。

综上所述，用户通过可信身份认证机制的四种具体的方案中的一种，可完成其电子商务账户与社会身份的关联，该对应关系存于中央数据云中。

8.3 信任分级机制在电子商务领域的实现

电子商务信任主要来源于双方道德水平，但对一心行骗的人来说，道德成为摆设时，法律就成了保障电子商务交易双方权益的最后底线。近几年通过一系列的网络法律法规实施，在一定程度上对电子商务的运行起到了规范作用，但还是不足以解决电子商务中所有问题，电子商务信任体系的提高显得尤为重要。

对于电子商务中的用户（买家、卖家）的信任等级，设立三级指标进行评价。

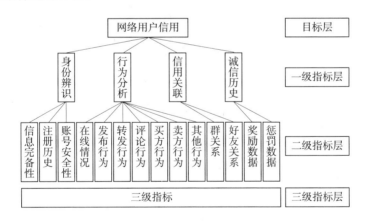

图21　个人用户信任评分机制

身份辨识：通过之前的身份实名制和网站提供的材料，这个辨识环节较容易得到资料。

行为分析：通过网站给出的用户相关行为，鉴定和评判其相关处罚和奖励。用户所转发的内容、时间、买卖的物品、数量等信息都将会记录在中央数据云中，以便用户通过官网查询自己诚信记录案例。

信用关联：这方面可以通过好友对其的评价和相关网络"群"中的相互评价，可以给出这个网络用户相关个人诚信的评判标准，以供参考。

诚信历史：诚信历史就是记录用户个人的奖励和惩罚事件，诚信的客观评价不是一成不变，若用户表现良好将会有所恢复。为了避免用户在恢复诚信数值后反复针对某特定事件的违反行为，诚信记录中若存在这类事件的行为处罚记录，将对该用户加倍惩罚，或以其他手段或方式惩罚。

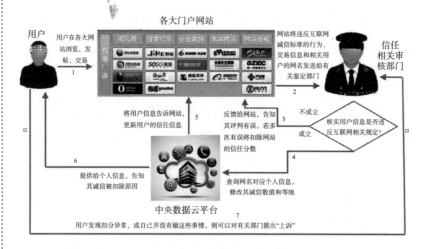

图22　互联网信任评价体系结构

电子商务领域的应用事例

买家A在电子商务网站C上购买了卖家B的物品，一段时间后，买家A收到货物，并留言货物质量低劣，或已经损坏，要求赔款等相关问题。

情况1：通过和买家、卖家及物流的了解，电商认为用户A所说的情况不属于卖家B的责任范围内，并要求用户删除不实留言。买家A若执意不删除，并对相关卖家进行诋毁留言，电商C

则将此用户的相关信息资料提交相关信任审核部门，审核部门通过一些方法，确定了买家 A 的行为属于恶意诋毁，则将其个人的真实信任等级降低，并及时通告买家 A 更新的信任等级于其他各大网站上，同时也通知买家 A，告知降低信任等级原因。

情况 2：若发现卖家 B 的物品确实有问题，并多次被买家指出，则电商 C 将卖家的相关信息提交相关部门，经审核如属实，降低卖家 B 的信任等级，并及时通告卖家 B 更新的信任等级于其他各大网站上，也告知卖家 B 其被降低信任等级原因。

情况 3：若发现电商 C 多次提交错误信息，则有关部门将会对电商进行信任等级的降低。

8.4 信息共享机制在电子商务领域中的实现

用户在不同的电子商务网站拥有不同账号和身份，如张三在淘宝网账户是 tb_12345，而在京东商城的账户是 jd_abcde。电子商务网站、商家或其他用户根据张三在网站的行为表现（如网络购物、商品评价等），基于用户信任分级体制对用户的信任度进行评分。因此用户在不同的电商网站拥有不同的信任等级，如张三在淘宝的账户 tb_12345 的信任得分为 40/100，而其账户 jd_abcde 在京东商城的信任得分为 90/100。各电商网站将这些等级数据定期地上传到中央数据云，中央数据云根据已经存储的对应关系及各网站上传数据，对每个用户的信任等级进行综合评价，得出该用户综合等级情况，并将该数据反馈至各大网站，各网站收到反馈数据之后，对用户信息进行更新。如中央数据云后台程序根据张三在淘宝网和京东商城等电子商务网站的信任等级，计算得出张三的综合得分为 65/100，并将该得分反馈给各电商网站，商家和其他用户可以在张三的个人信息中查看到反映其在整个电子商务领域的可信程度的信任等级综合得分，从而选择相信或是拒绝相信张三的购物、评价言论等行为。

综上所述，在身份识别机制作用下，用户网络身份得到统一；在信任分级机制的作用下，用户的网络信任度得到确定；在信息共享机制的作用下，用户的信任度得到有效传播，其价值得到体现。从而形成整个可信生态机制的良性循环。

另外，对于网站信任等级，依据本研究报告提出的信任分级体制确定，并显示于各网站主页处，用户可直接查看所在网站的基本信誉情况。同时，监管部门对网站具有监督权，根据相关规定对虚构伪造信任级别的网站进行处理。

第9章　构建方案可行性分析

对技术方案的可行性分析包括：基础条件分析、行政成本分析、用户体验分析、隐私保护分析等。下面首先对这些概念作简要介绍。

基础条件分析主要是对方案所涉及的技术条件、法律法规、管理政策等现状进行描述；行政成本是政府向社会提供一定的公共服务所需要的行政投入或耗费的资源，是政府行使其职能必须付出的代价，是政府行使职能的必要支出，主要包括实施方案所需人员成本、基础设施成本、运营与维护成本等方面；用户体验分析主要考虑技术方案和相关机制对用户体验的影响，主要包括对用户要求和影响、方案便捷程度、用户心理感受和给用户带来的利益；隐私保护分析主要分析方案和相关机制对用户隐私保护以及用户切身利益的影响。

以下针对互联网可信生态系统各技术要素进行可行性分析。

9.1　可信身份认证机制可行性分析

9.1.1　基于实名制手机验证码的身份认证可行性分析

根据上文论述，基于实名制手机验证码的身份认证机制如下：用户注册成为一个网站新用户之前，需要先进行身份认证，由注册界面跳转到官方建设并管理的身份认证网，用户于身份认证网填写个人身份证号及已经进行实名制的手机号码，或是银行账户及与该账户绑定的手机号码，点击获取认证码。身份认证网将用户输入的身份信息与手机号码进行匹配，若是匹配成功，则发送手机验证码。用户填写收到的手机验证码，若是验证码正确，则完成身份认证，页面跳转回注册网站。用户完善注册信息，如登录账号、昵称以及登录口令等，网站将登录账号发送给中央数据云，进行身份关联绑定。其中，若是信息匹配失败或是验证码错误，要求用户重新认证。注册完成后，一旦该用户在该网站上进行不法行为，相关部门可以通过中央数据云中的关联信息查到该账号对应的用户真实身份，以追究其法律责任。

基于实名制手机短信验证码的身份认证方案属于后台实名制，并不要求用户在每个网络社区中都使用同一个 ID 或账号，而是在由政府牵头建立的中央数据云中，将其社会身份与在线身份之间关联起来。

（1）基础条件分析

根据上文背景与基础条件部分内容所述，相关部门以及社会各界已经在大力推进和实施手机实名制认证，并将逐步完成全国范围内手机用户的实名制认证。由此可知，实名制手机具有较高的普及率，再以个人银行账户预留手机绑定业务作为补充，通过实名制手机进行互联网身份的实名认证，不仅覆盖范围广，认证过程方便快捷，而且具有较高可信度。

（2）行政成本分析

上述方案需要大力开展用户手机实名认证工作，并基于用户身份证以及手机号码构建中央数据云，用以存储用户真实身份与网络身份的对应关系。另外，实名制手机号码数据库以及银行卡预留手机号码数据库、三大电信营业商以及各大商业银行均已具备，并且提供查询接口，无须再单独构建。

（3）用户体验分析

根据上述方案，用户可以在不同的网络社区注册不同的用户名，并使用该用户名登录与发表言论，表面上仍然是匿名的，在体验方面与当前情况没有太大区别。只是在注册成为新用户以及尚未进行实名认证的老用户在发表言论的时候，需要在"网络身份信息认证网站"填写个人已经实名认证的手机号以及所收到的短信验证码。

（4）隐私保护分析

该方案认证过程并不在企业或网络社区的网页上进行，用于身份认证的数据也不会被企业网站所存储。认证过程在官方"网络身份信息认证网站"上进行，数据存储于由政府部门搭建的中央数据云中。数据的安全和数据流向的可控性可见一斑，这样不仅能保障用户的隐私信息，并且不会因为加入实名认证而增加各网站的运营成本。

（5）丢失风险分析

对于用户手机遗失可能导致的问题，由于手机只是实名认证的一个工具，手机中并不存储用户真实身份以及在线身份信息，其他人捡到手机也无法轻易获得这些信息，因此正常情况下不存在手机丢失引发的在线信息被修改的问题。而且，进行实名认证时，需要填写实名手机对应用户的身份证号及真实姓名等信息，在没有上述信息情况下，无法使用该手机号进行身份认证，因此，他人用捡到的手机注册新网络账户的可能性也极低。除非别有用心的人在获得用户的真实身份之后，偷盗手机用于虚假注册，但这已属于违法犯罪行为，将受到公安、司法的严厉打击惩处。因此，用户在遗失手机之后，只要将手机号挂失，并到电信运营商进行补卡，即可杜绝隐私泄露等风险，与当前用户手机丢失的现实情况并无区别。

9.1.2　基于网银 U – Key 的身份关联认证可行性分析

根据上文所述，基于网银 U – Key 的可信身份认证机制如下：用户由网站注册页面跳转到官方建设并管理的身份认证网（明面跳转或后台进行），身份认证网读取用户 U – Key 信息，并与中央数据云中的银行账户信息进行查询对比，通过 U – Key 对应的银行账户确定用户身份之后，跳转回网络社区注册网页。用户在注册界面完善注册信息（如昵称、账户 ID 与登录口令等），社区网站将用户新注册的账户 ID 发送给中央数据云，跟其真实身份进行关联。其中，身份认证网对用户身份证号码及银行账户的读取，可由安全浏览器自动完成，另外，若是 U – Key 信息不正确，注册页面可拒绝用户注册，并显示错误信息。注册完成后，一旦该 ID 号出现违法违规行为，侦查部门可以通过中央数据云中的关联信息查到该 ID 对应的用户真实身份。

基于网银 U – Key 的身份关联认证方案属于后台实名制。作为个人用以存储私有财产的银行账户，从开立便要求户主提供真实、合法和完整的有效文件，账户主身份的真实性及使用者和户主身份的一致性均较高，使得以网银 U – Key 作为网络身份识别的设备具有绝对的可信度。

（1）基础条件分析

根据上文背景与基础条件部分数据所示，银行卡在我国已经全线普及，全国人均拥有银行卡 3. 11 张。2013 年全国地级以上城市城镇用户的个人网银比例为 32.4% 。可见，我国银行卡发卡量、人民币银行结算账户以及电子银行普及率迅速增加，但网上银行的普及率仍然偏低，相关部门与各大银行在网银普及以及 U – Key 发放方面的工作仍需大力推进。

（2）行政成本分析

该方案需要大力推广网上银行的普及，其中 U – Key 设备的生产将极大地提高本方案的实施成本；此外，需要基于用户身份证号构建中央数据云，用以存储用户真实身份与网络身份的对应关系。个人银行账户信息，各大银行均已具备，并且提供部分查询接口，只是标准未统一，因此个人账户信息数据库无须重新单独建立。

（3）用户体验分析

由于采用的是后台实名制的方法，本方案下，用户可以在不同的网络社区注册不同的用户名，并使用该用户名登录与发表言论，表面上仍然是匿名的，在体验方面与当前情况没有太大区别。只是在注册成为新用户，以及尚未进行实名认证的老用户在发表言论的时候，需要通过 U–Key 进行身份认证。

由于银行账户与用户私有财产相关联，这使得以银行卡账户甚至是网上银行认证设备（如 U–Key）作为身份识别媒介对用户的心理冲击较大，部分用户不愿意让身份认证网访问 U–Key 设备。而且，这也要求用户需要随身携带 U–Key 设备，这也不仅给用户带来不便，而且会有遗失设备的风险。另外，由于公共计算机的系统安全性并不能得到保证，不适合在其上使用 U–Key 设备，使用公共计算机上网的用户将不便注册，给用户体验带来一定影响。

（4）隐私保护分析

同样由于银行账户与用户个人私有财产相关联，因此 U–Key 设备会引起不法分子关注，因此长时间频繁地使用 U–Key 将产生一定的风险。

另外，此方案认证过程并不在企业或网络社区的网页上进行，而是在官方"网络身份信息认证网站"上，数据存储于由政府部门搭建的中央数据云中。这不仅保障用户的隐私信息不会被各商业网站获取并保存，并且不会因加入实名认证而增加网站的营运成本。

（5）丢失风险分析

用户丢失 U–Key 时，只需要到银行办理 U–Key 补办手续，银行工作人员会将该用户的银行卡账户与新 U－Key 重新进行绑定，新老设备使用过程一致，并不会给用户带来过多额外影响；同时，已经丢失的 U－Key 由于缺少了绑定信息，已无法继续使用，并不存在他人利用捡到的 U－Key 篡改该用户在线账户信息或是注册新账户的风险；此外，由于 U－Key 的高安全性，在用户到银行申请新 U－Key 之前，他人由于不具备 U－Key 使用密码，即使捡到也无法用其进行虚假注册等行为。因此，基于网银 U－Key 的身份关联认证方案，认证介质丢失所引起的风险几乎为零，除非具备超高技术的工程人员获取到某人的 U－Key，进行破解并非法使用，这种情况可能性几乎可以忽略，而且该举动已属于危害金融稳定的违法行为。

9.1.3　基于指纹特征的身份认证可行性分析

根据上文，基于指纹特征建立可信身份认证机制如下：用户进入某网络社区进行注册，或者未进行身份认证的老用户在发表言论之前，需先进行网络实名认证。由该网络社区网站跳转到官方构建并管理的身份认证网，用户于身份认证网填写个人身份证号码，并通过指纹识别设备输入个人指纹。该指纹信息与中央数据云中用户身份证对应的指纹信息进行对比匹配，若是匹配失败，则要求用户重新输入指纹或修改身份证号。匹配成功之后，跳转回网络社区用户注册界面，用户完善账号 ID 和登录口令等注册信息。网络社区将用户新注册的账户 ID 发送给中央数据云进行身份关联。一旦该 ID 进行了违法违规行为，相关部门可通过中央数据云中的关联信息查得其真实身份。

由上述认证机制和方案步骤可以知道，基于指纹特征的身份认证方案属于后台实名制，并不要求用户在每个网络社区中都使用同一个 ID 或账号，而是通过政府建立的指纹库和中央数据云，将其社会身份与在线身份之间关联起来。由于指纹的独一无二性，此种身份认证方式可以准确确定注册者的身份，可信度在四种认证方案中最高。

（1）基础条件分析

根据上文背景与基础条件部分内容所述，通过第二代居民身份证采集指纹的方式，我国的指纹库正在顺利地建立过程中。指纹库的完善程度直接关系指纹识别的效果，因此建立普及全体国民的指纹库是指纹识别应用全面推广的第一步，也是最重要的一步。终端指纹采集设备的覆盖率也是不可忽略的重要因素。因此，相比前两种身份识别方式，指纹特征识别方式的门槛最高，因为它需要十分完善的指纹库和高覆盖率的指纹采集设备。

（2）行政成本分析

此方案行政方面的成本主要在指纹设备的推广普及以及指纹库和中央云数据库的建立、运营和维护上。相比前两种身份识别的方式，指纹特征识别方式的行政成本最高。其中，要在全国范围内普及用于输入指纹的硬件设备，当前一个带指纹识别功能的手机市场价在4000元人民币左右，一台能与电脑配套使用的指纹识别器价格在500元左右；另外，全民指纹库的建设需要投入大量人力和物力，公安部已经在着手收集民众的指纹信息，但是指纹数据库的建设和应用进展仍然缓慢。最后，此方案与前面两种方案同样需要建立用于存储用户网络身份与现实身份对应关系的中央数据云。

（3）用户体验分析

根据上述方案，用户可以在不同的网络社区注册不同的用户名，在体验方面与当前情况没有太大区别。只是在注册成为新用户，以及尚未进行实名认证的老用户在发表言论的时候，需要进行指纹识别。这种识别方式的好处在于它的方便快捷，需要认证身份的时候，用户只需按捺指纹，操作简单，方便快捷，并且不必随身携带其他装置。

（4）隐私保护分析

在该方案的认证过程中，最重要的指纹数据和其他个人身份信息均保存在指纹库和中央云数据库中，而且指纹是个人生物特征，极难被伪造，也不会像其他装置一样会被窃取，因此具有很高的安全性。此种认证方式的安全隐患主要存在于用户终端。比如，用户终端如何保证每次输入的指纹不被黑客或某恶意软件非法保留？对用户指纹信息采用更高级的编码算法和加密算法可以有效保障用户的隐私与用户指纹信息的安全，关于指纹信息录入设备以及指纹数据的存储方式，属于具体工程技术细节，在此不做赘述。此外，各大网站只存储最简单的用户注册信息，这些注册信息是用户根据自己意愿提供给网站的，除了特殊用途（如电子商务），可不提供个人隐私信息。

（5）丢失风险分析

由于指纹是人体手指上的特征纹理，并不存在遗失的可能，因此无须担心由于遗失而引起的补办等问题。然而，指纹的磨损可能引起指纹识别失败或指纹匹配失败，这要求用户在录入指纹时录入多根手指指纹。此外，指纹可能会被犯罪分子复制窃取，并用于非法认证等违法行为，将导致较大风险。

综上所述，指纹不易丢失并被他人非法利用，但是一旦被他人非法复制，则会引起较大风险。所以用户在发现自己的指纹数据被非法利用时，应当及时报警，暂时注销被非法使用手指指纹的认证功能，使用其他手指指纹进行认证，等到公安机关侦破案件，销毁指纹副本后再重新恢复使用。

9.1.4 基于 eID 的身份认证可行性分析

根据上文，基于 eID 建立可信身份认证机制与其他三种认证机制类似，用户新注册的老用户或未进行身份认证的老用户在发表言论之前，需先进行网络实名认证。该网站获得个人姓名及 eID

号之后，发送身份认证请求（也可为账户绑定请求）到 eID 认证服务器，并提示用户插入 eID 信息读取设备及 eID 卡。认证服务器根据用户 eID 卡内运算结果返回用户所持有 eID 的有效性信息，信息有效，则用户完善个人信息并完成注册，无效则提示用户重新认证。

eID 作为公安部公民网络身份识别系统颁发的，用于公民在网上验证其真实身份的网络身份标识，具有权威性、安全性和公信力，基本可满足公民在网络交易、虚拟财产安全保障及个人隐私保护等方面的迫切需求，大幅提升公民网络活动的安全感，并且将推动越来越多的政府服务、民生服务、商业服务通过网络方式公开提供，给公民带来很大便利的同时有效降低了各类机构的服务成本[68]，为公共资源的信息化、高效化、合理化配置提供支撑。

（1）基础条件分析

根据上文背景与基础条件部分内容所述，公安部从 2009 年开始，已经投入大量人力物力对 eID 进行研发与试点应用，并且取得了一定成效，为 eID 的进一步推广应用打下一定基础。特别是公安部覆盖 13 亿多人口的全国公民身份信息库的应用，是 eID 应用全面推广的第一步，也是最重要的一步。但是由于我国幅员辽阔、网民总数多等原因，eID 的应用规模尚且较小，eID 信息读取设备以及 eID 卡/芯片的全面普及，仍需要相关部门进一步规划和实施。

（2）行政成本分析

由于公安部覆盖 13 亿多人口的全国公民身份信息库的基础，此方案的行政成被大大降低，主要成本在于 eID 芯片和 eID 信息读取设备的硬件成本上，同时，中央数据云用户身份信息关联数据库的建立、运营和维护的成本也相应会低一些。

（3）用户体验分析

根据上述方案，用户可以在不同的网络社区注册不同的用户名，在体验方面与当前情况没有太大区别。只是在注册成为新用户，以及尚未进行实名认证的老用户在发表言论的时候，需要基于 eID 进行身份认证。这种识别方式的优点在于安全可靠。其缺点是用户进行身份认证的时候需要携带嵌入了 eID 芯片的装置（如 eID 卡片），同时上网的计算机还需要具备 eID 信息读取设备，这将给用户带来一定的不便，导致其比手机验证码身份认证及指纹识别身份认证方式的用户体验稍差一些。

（4）隐私保护分析

在该方案的认证过程中，借助 eID，用户不需要其他个人隐私信息，就可以在实名的网站完成注册，而真实的个人信息保存在公安数据库中或是其托管的中央数据库中，对网站是不可见也无法获取的。网站将 eID 提交给公安数据库进行查询，返回结果仅是状态信息，即此人是否真实存在，以及 eID 是否有效，结果中并不带有任何姓名、身份证号等个人隐私信息。这样既达到了实名的真实性要求，又达到了保护个人隐私的目的。又由于 eID 是通过密码技术来将个人的身份与后台数据库关联，身份会被唯一认定，理论上很难被假冒。

（5）丢失风险分析

对于认证介质丢失的情况，由于 eID 具有唯一性，需要联网认证，申领了新的，旧的就自动被注销而无法再使用，因此 eID 持有者被认定为是可信的，只要用户进行补办，不存在已丢失的 eID 仍被他人使用的风险。而且由于 eID 具有 PIN 码，别人捡到后，若不知道该号码及用户的真实姓名，也无法进行虚假身份认证。此外，eID 本身采用先进密码技术，重要信息加密存储在芯片中，难以被有效读取，无法被迅速破解。

根据上述方案及相关分析，简明起见，对上述四种技术方案作简略对比，如表6所示。

表6 四种技术方案分析对比

项目 / 技术	基础条件	推行成本	技术难度	隐私保护	丢失引起风险	对用户心理冲击
手机验证码	条件成熟普及率最高	最低	低	中	低	较小
网银 U－Key	普及率较低	较高	高	较好	极低	最大
指纹识别	普及率最低	最高	高	极好	较高	较大
eID	普及率较低	适中	高	极好	极低	较大

9.2 用户信任等级机制可行性分析

9.2.1 行政成本分析

用户信任等级行政成本主要包含三类，分别是人力成本、设施成本、其他成本。

人力成本主要包含了用户信任等级评分人员、用户信任等级维护人员、用户信任等级审核人员等。用户信任等级评分人员主要是对用户信任这个模型提出建模观点，通过模型来确定用户信任等级标准，同时因为用户信任等级模型不是一次制定终生不变制，用户信任等级评分人员还需要不断抽样调研，提出新的模型改进方案；用户信任等级维护人员主要负责对日常的用户信任进行加减分及分数复位，这类人员是人力成本主要开销，同时又因为涉及网络信任问题，所以也要求这类人员有很高的职业素养和操守；用户信任等级审核人员，此类人员主要是对用户提出的上述问题进行复查，对用户信任等级维护人员进行日常抽查审核，保证用户的权利与利益。

设施成本主要是在设置用户信任等级过程中需要对用户认证系统增加的一些软、硬件基础措施，如建立查询网站，用户可以通过查询网站来了解自己的信任等级加减分的时间与对应的时间行为。又比如建立网站与数据云单独连接的信任等级评分网络，数据云可以通过连接网络得到网站上传的个人行为，网站可以通过网络接收到数据云提供的个人信任综合评分。

其他行政成本主要是包括政府与企业间建立互联网可信生态体系长期合作发展框架，企业网站需要长期向政府提供与数据云接通的接口，这些人力成本开支也应该包括在行政成本中。

9.2.2 用户体验分析

美国 NSTIC 战略方案主要从用户角度去出发，考虑用户体验情况。在信任等级制度中，需要考虑的是用户对整个信任等级的体验感，这种体验主要来自两类：一类是用户对政策的反应；另一类是用户对于操作习惯的感觉。

用户对于政策的反应，这类问题是在推广方案中必须第一时间去考虑的问题，在方案推广中不能打着政府对民众监控的名号去开展网络信任等级分级，而更应该从网民角度出发，多多考虑网络信任等级给用户带来的好处，比如采用网络信任等级是否能解决现有的网络诈骗，采用网络信任等级是否可以帮助网民增加网络可信程度。用户对于操作习惯的感觉主要考虑的是用户是否习惯去使用网络信任等级网站，是否习惯采用手机方式来获得网络信任增减分值变化，从目前情况来看，采用短信通知信任等级增减类似于银行的信用卡进出账，只要保证信任等级不是经常变动，那么人们对于短信接收方式是可以接受的。而网络查询采用的是类似于手机话费查询方式，这种只能查询不能进行编辑的操作方式已经被大多数人认可和接收了。

9.2.3 社会发展分析

主要从三个方面来分析信任等级制度对社会发展带来的利与

弊：一是政治方面，互联网的发展是自由权的表现，不仅可以通过网络来参与政治文化，更能通过网络来表达自己的政治意见，有利于相关政府部门了解民情，及时控制舆论发展，而互联网信任等级制度可以更加宏观地识别好与恶、真与假；二是经济方面，互联网给我国经济带来一个巨大的飞跃，纵观现在国内几大民营企业，百度、腾讯、阿里巴巴等企业的崛起都与互联网有着密不可分的关系，互联网信任等级制度让网络经济更加安全可靠；三是文化方面，在信息时代，全球化文化交流与融合正在慢慢改变我们的生活，互联网信任等级制度让我们可以更好引导文化发展方向。

从政治角度来看，互联网信任评级对社会稳定与发展具有重要意义。社会本身就是一个巨大的政治体，网络也是政治体的一部分，现有的网络环境不安全，网络真假难辨，这给政治体的安定带来了各种隐患，互联网信任评级会使互联网环境趋于一种宁静，可能少不了仇人间互相谩骂，少不了八卦消息，但肯定会减少群体现象的谣言，减少对政府的攻击言论，减少外媒蛊惑分裂我国。

从经济角度来考虑，网络经济已经发展到了一定的规模，同时余额宝等互联网与经济结合的产品不断出现，互联网信任评级体系让网民不再害怕网络上的诈骗，不再害怕网络把钱卷走要不回来。信任评级低的那些人再也无法通过网络来牟取暴利，这实际上是给网络经济发展带去了生机，让网络经济发展可以更好地前进。

从文化角度来考虑，互联网信任评级可以给让文化变得更加积极向上，更加鼓舞人心。当小学生不再能利用网络来展现火星语的时候，当所谓的网络大V不再能通过一己之私来宣传所谓的民族垃圾文化时，当站在网络这个大舞台上的人们不再接收到糟粕文化的时候，垃圾文化就从源头堵住了，也从传播途径中堵住了，那么接收者就会选择更有益人类发展的文化去接受。这就带来了优秀文化的传承。

9.3 信息共享机制可行性分析

根据上文提出的用户信息共享机制，用户在不同的网站拥有不同账号和身份，网站或其他用户根据该用户在本网站的行为表现（如发表言论、网络购物、转载信息等），基于用户信任分级体制对用户的信任水平进行评分。因此用户在不同的网站拥有不同的信任等级。这些等级数据被定期地上传到中央数据云，中央数据云根据各网站上传数据，对每个用户的信任等级进行综合评价，得出用户综合等级情况，并将该数据反馈至各大网站，各网站收到反馈数据之后，对用户信息进行更新。从而，在信息共享机制的作用下，用户的信任情况得到传播，并得到有效综合，使得用户对其他网络主体的信任情况具备直观认识。

9.3.1 基础条件分析

根据上文所述，我国信息共享基础较为薄弱，首先，是相关规章制度和法律缺失。当前都是靠各部门和各领域自发沟通交流，而形成较小范围和较少量信息的共享。其次，在信息共享中缺乏统一的标准和规范。各领域各部门对信息资源描述的方式不统一，系统传输协议不统一，导致许多信息不能有效地兼容。最后，信息安全与隐私没有得到较好保障。事实上，当前我国基于网络的信息共享存在着严重的信息安全问题。我国政府各部门间目前还没有统一的信息基础设施软件及硬件平台，现有的检索智能化程度较低，导致共享信息出现困难，形成信息孤岛，信息价值无法得到很好体现出来。因此，我国信息共享基础较为薄弱，网络信息共享经验不足，希望相关部门适当重视。

9.3.2 行政成本分析

根据上述信息共享方案，需要的人力和物力并不多，主要在于中央数据云与各大网站的数据接口和数据结构。此方案行政成本主要在于对系统的维护上，各大网站定期向中央数据云上传用户信任信息，由中央数据云对数据进行处理和整合，并反馈给各大网站，因此，对于数据的维护以及传输带宽的要求较高。

9.3.3 用户体验分析

根据上述方案，对用户不做过多实际要求，而且公开的是用户的综合信任等级数据，不会给用户带来过多困扰。其中，信任信息的共享并不对信息源造成任何的伤害（保密性的问题除外），信息的拥有者并不需要为与他人分享而做出牺牲[69]。用户根据实际场景，可对网络主体的实际表现（服务质量、网络购物等）进行评分，与当前网络活动并无太大区别。相反，网络用户可以根据网站和其他用户的综合信任等级数据对该网络主体有较为直观的认识，从而选择信任或不信任该主体的网络行为，降低自己遭受网络诈骗的可能性，而且可以间接使用户获得更好的服务和体验，使得用户在此过程获利。

9.3.4 隐私保护分析

对用户信任等级进行共享，并且让其他用户看到其综合信任等级情况，可能会泄露用户部分的隐私，不过由于不是用户所有的信任等级数据，而且用户在各大网站上使用的是个人网络昵称，而非用户真实姓名，所以对用户的隐私其实影响不大。此外，由于各网站仅能接触到用户在本网站上的数据，并通过统一接口获得用户的综合信任得分，并不知道用户的真实身份与其他隐私数据，用户的隐私数据存储在官方构建并管理的中央数据云中，安全具有保障。所以，在上述信息共享方案中，用户的隐私信息和数据的安全并不会受到很大威胁。

第 10 章　推广方案

随着我国物质文明的快速提升，精神文明相对落后的弊端开始体现出来。精神文明落后主要体现在网络发展方面，更多的垃圾文化充斥网络，更多的不和谐因素在网络上蔓延，尤其是网络匿名性思维根深蒂固，使人们可以在网络上随便发出不负责任的言论，不负责任的媒体为了吸引眼球和点击量杜撰新闻等，这一系列的问题都迫切需要政府部门落实互联网实名制。

对于网民来说，互联网实名制将带来人与人之间的信任以及更方便的网络操作环境。我国互联网可信生态系统推广方案，主要包括了互联网可信认证推广、互联网信任等级推广、互联网信息共享推广以及全网信任认证推广。我们认为具体推广方案可以分成三步实施，即启动期、推广期和应用期。

10.1　启动期方案

启动期计划三年时间。我国互联网发展时间不长，许多陋习是根深蒂固的，没有缓冲期的快速推广可能会出现类似韩国网络实名制的惨痛教训，所以笔者认为至少应该有三年的计划准备时间。对于政府来说，在这三年的计划准备时间中，可能需要关注以下几项。

10.1.1　关注我国互联网基础设施建设

（1）必要性

互联网可信认证是实施其他推广政策的第一步也是关键的一步，实施的结果会直接影响到其他项目的开展，详细调研我国现有的互联网可信身份认证基础设施有助于把握更多细节，控制行政成本。就目前来说我国互联网可信身份认证基础设施建设已经开始起步，其中微博实名制、海量数据库等相关工作已经展开。

（2）微博实名制调研信息

2011 年 12 月，我国便开始了微博真实身份信息注册试点工作，其中，拟开设微博账号的法人单位使用全国组织机构代码管理中心的组织机构代码信息，对组织机构的注册用户信息进行比对认证后，互联网站方可开通相关服务。组织机构代码在互联网真实身份信息注册认证工作中起到了法人单位"身份证号"的作用。[70]

由全国组织机构代码中心建成的互联网真实身份认证平台（组织机构）于 2011 年 12 月 30 日正式投入使用。截至 2016 年 12 月 23 日，人民网、新华网、新浪网、腾讯网、搜狐网、网易网等 17 家国内主要微博网站都已接入这个平台进行真实身份认证。据介绍，用户在网站申请时，点击"机构身份认证"按钮后，页面便跳转到互联网真实身份认证平台（组织机构）。[71]

而用户需要填写组织机构代码、组织机构名称、法定代表人姓名与证件号码、申请人姓名与证件号码并输入验证码后点击"比对"按钮，这个平台将用户输入的信息与全国组织机构代码管理中心数据库进行比对，完全一致后才能通过认证。据了解，在近一年的运行时间里，互联网真实身份认证平台（组织机构）共为互联网机构用户提供比对 13.8 万余次，其中通过比对 8.6 万余次。

（3）海量数据查询系统调研信息

同时，据了解，1993 年成立的全国组织机构代码管理中心拥有囊括全国 3000 余万依法成立单位基本信息的动态数据库，其中包括在工商、编办、民政注册的各类组织机构的信息。这个中心从 2004 年以来开发了海量数据查询系统，可实现单位基本信息核查、注册认证真实身份信息比对等多项功能。

此外，其已在最高人民法院、最高人民检察院、公安部、人力资源和社会保障部、中国人民银行、银监会等 34 个部门得到应用，近年来组织机构代码还根据我国电子政务、电子商务发展的需求开发了大量延伸应用。

10.1.2 获取我国互联网企业支持

（1）必要性

互联网是市场的产物，政府要获得网民数据需要取得网络巨头的支持。在网络这个大市场中，企业是网络的承载者，特别是现在有些大型民营企业如百度、新浪、阿里巴巴、腾讯已经占领了大部分互联网市场份额，同时其他一些互联网产品也占有一定比例，相关政府部门与企业的交流可以参照美国 NSTIC 战略方案。

（2）余额宝调研信息

余额宝是一款由第三方平台支付宝与基金公司合作的余额增值服务。用户可以将自己的闲钱放入余额宝中，获得一定的收益。同时余额宝支持随时消费支付与转出，便于用户网购。

相比银行而言，余额宝购买的是货币型基金。货币基金是所有基金产品中风险比较低的一类产品，一般用于投资国债、银行存款等安全性高、收益稳定的金融工具，国内货币基金的年化收益率普遍在 3%～4%，而活期存款的年收益只有 0.35%。简单来说，10 万元，通过活期存款一年的收益只有 350 元，而如果通过余额宝一年的收益可以达到 4000 元左右。招商银行前行长马蔚华说过，招商银行最大的威胁来自马云。显然，新兴的互联网金融正在一点点蚕食原本属于银行的领地。有观点认为，除了提升客户的账户价值外，余额宝将吸引更多的闲散资金涌向支付宝，势必对银行的业务造成冲击。

余额宝属于阿里巴巴旗下的增值服务，其登录方式与支付宝绑定，通过手机、账户或者邮箱加密法方式进行网上登录。其安全保障措施主要包括短信校验服务、数字证书、宝令（手机版）、支付盾、第三方证书、数字证书等多种身份确认方式。截至 2013 年 12 月 31 日，余额宝的用户已经达到 4303 万人，吸纳金额高达 1853 亿元，累计到目前已经给用户带来 17.9 亿元的利息。截至 2014 年 1 月 15 日，余额宝规模已超过 2500 亿元，15 天规模增长 35%。如果按 1∶6.10 的汇率计算，2500 亿元相当于 409.84 亿美元。

（3）NSTIC 战略方案中政府与企业相关部署

NSTIC 战略中，联邦政府支持一些私营部门的发展，通过一系列活动应用身份生态系统，这些活动包括：召开技术和政策标准化研讨会、建立共识、构建公共政策框架、参与国际论坛、资助研究、支持试点项目，开展教育和认识的宣传活动。

联邦政府与私营部门合作，参与构建身份生态系统框架，以确保其建立基于互操作性、安全性和隐私保护性。联邦政府在这一领域的作用是帮助确保最终成果，这也使联邦政府能更好地保护个人隐私。联邦政府有很多信息，对于各大网商是很有用。但这些信息却分散在不同部门，很难找。为更好地帮助私营部门，联邦政府将以集中的、可访问的方式共享其最佳做法和经验教训。

联邦政府必须继续以主体和依赖方的身份参与身份生态系统，来发挥其领导者的作用。例如，商务部将设立国家项目办公室（NPO），该部门的任务在于督促私营部门的参与；支持机构间的协调；建立必要的政策框架共识；积极参与相关公关和私营部门论坛。

10.1.3 整合手机营运商和各大商业银行实名制信息

（1）必要性

互联网可信生态认证系统不仅需要获取民营企业的支持，更需要我国手机运营商和各大商业银行积极参与。如果将可信认证与手机、网络银行账号绑定，将大大提高用户可信认证的安全性，让网民了解自己的网络账户的安全状态。目前我国手机实名制普及已经开始，各大商业银行也已经将银行信息与个人实体相互匹对，这为整合手机运营商和各大商业银行实名制信息提供了方便。

（2）我国手机实名制相关情况调研

早在 2005 年 12 月，信息产业部电信研究院交流中心负责人称，实名制应该是新老用户一视同仁，届时，老用户必须在规定时间内凭有效身份证件到相关地点补登记。但这一举措到 2010 年 1 月还未实行。

据工业和信息化部的统计数据显示，截至 2009 年年底，中国手机用户已达 7 亿手机用户，其中已经实现实名制的用户仅不到 2 亿户，近 5 亿用户需要办理登记，手机实名制工程浩大。

2009 年年末，工信部发布《工业和信息化部关于进一步深入整治手机淫秽色情专项行动工作方案》，方案中提到手机实名制工作任务的第二阶段，也就是 2010 年 1 月至 9 月，基础电信企业要采取各种优惠措施，鼓励用户提供有效身份证件等信息进行实名登记和补登记，逐步提高电话用户实名登记的比例；在第三阶段，即 2010 年年末，工信部会同公安部、国务院新闻办，加快立法进度，力争在 2010 年年底前出台《通信短信息服务管理规定》，为全面实施电话用户实名登记工作提供法律依据。

从 2010 年 9 月 1 日起，争论了 5 年多的手机实名制终于开始实施。工信部要求，电话用户实名登记工作将分两个阶段实施。第一阶段：从 2010 年 9 月 1 日起，全面实行新增电话用户实名登记；第二阶段：以电话用户实名登记相关法律出台为依据，用三年时间做好老用户的补登记工作。

从 2010 年 9 月 1 日开始，全国新增电信用户办理业务时需要进行实名登记，范围不仅限于手机，同时包括固话、宽带和小灵通用户等几乎所有电信通信业务，也不仅是新增用户入网，还包括固定电话装机、移机、过户手续和宽带等电信业务。手机用户实名登记将分两个阶段进行：从 9 月起对新增电话用户进行实名登记；待相关法规出台后，用三年时间做好老用户的补登工作。此前未实名制的用户，可能会被要求去营业厅补登个人信息。比特网调查发现，用户对手机实名制的主要担忧主要在于个人信息外泄风险，以及实名注册的信息是否会受到监控。

2013 年 9 月 1 日起，我国在全国范围内对新增固定电话、移动电话（含无线上网卡）用户实施真实身份信息登记，严格实行"先登记，后服务；不登记，不开通服务"。同时，电信企业将通过电话、短信息、书面函件或者公告等形式告知未实名登记的老用户，并采取便利措施为其免费补办登记手续，逐步提高我国电话用户真实身份信息登记比例。

工信部统计数据显示，2013 年 6 月底，中国移动电话用户共 11.8 亿户，实名登记率达到 74%，固定电话用户已基本实现实名登记。截至 2013 年 6 月底，3 家电信企业包括合作厅、专营店、代理点在内的社会渠道共有 200 多万家。

我国手机实名制早在 2005 年就提出，但是在 2010 才开始实施，可谓是一波三折。从工信部统计数据来看，我国手机实名制实施的成果是显著的。但是从我国当前的形势来看需要验证的用户数量巨大、技术成本高，要实现完全的手机实名制还有一段很长的路要走。

10.1.4　建立大数据云，配置相关技术人员

（1）必要性

大数据云作为互联网可信身份认证系统的核心处理系统，需要有一大批专业的队伍去分析与建立云系统，在启动期内建立大数据云是必要的基础设施建设，目前我国全网大数据云的建立已经开始启动，但在建立过程中遇到了很多问题，亟须政府相关部门组织专家学者研究讨论。加强解决现有数据云问题也是为后期建立可靠、安全的数据云做好准备。

（2）我国现有大数据云建设相关问题

我国运营商由于技术、数据系统限制、用户隐私和商业模式不明确等问题，目前大数据运营只处在探索阶段。我国运营商利用大数据主要遇到以下问题[72]。

第一，国内运营商系统分散建设，难以实现资源共享。经营分析、信令监测、综合网络分析、不良信息监测、上网日志留存等大数据系统，有些是分省建设，造成资源重复建设、应用重复开发、专家资源无法共享。

第二，数据处理种类多，单一技术难以实现。各大数据系统数据模型不统一，只具备结构化数据处理能力，无法支持非结构化、半结构化数据处理，无法满足互联网各类业务发展要求。

第三，如何避免隐私泄露的问题未能解决，大数据运营有风险。人们对于隐私问题越来越重视，数据公司掌握大量数据和数据制造者要求隐私权之间的矛盾，使得大数据使用变得困难。

第四，尚未确立商业运营模式。运营商掌握的数据很多，但是这些数据应该怎样应用，给谁用，应用收益是否可以抵消数据开发分析的成本，这一系列问题也让国内运营商非常困扰。

10.1.5 建立风险评估分析

（1）必要性

即使数据云很安全、政策方案成功实施并获得了网民的支持，后台认证系统漏洞肯定还是存在的，网民存在中央数据云中的信息也可能泄露、管理数据人员可能为了自己的利益而侵犯他人的利益。建立风险评估分析是在启动互联网可信身份认证所需要做的最后一步，也是最重要的一步，切实做好风险评估才能将互联网可信身份认证推广做到万无一失。在这方面，韩国网络实名制虽然失败了，但是韩国实名制却没有给社会稳定造成过大的影响，没有将国家经济推入无底深渊，因此可以参照韩国实名制的影响消除来建立风险评估政策。

（2）韩国实名制风险评估

韩国在 2007 年推出了实名认证系统，以消除韩国活跃互联网社区的匿名诽谤活动。该法律被强制用于日用户访问量逾 10 万名以上的网站。2011 年，包括门户网站 Naver、Daum 在内的 146 家韩国网站被要求采用这种认证系统。

2011 年多家拥有用户认证数据的公司遭到了网络攻击，导致上百万的韩国用户个人私密信息泄露，招致外界对于该认证系统的批评。为了消除并控制用户个人私密信息泄露造成的不良后果，韩国电信监管部门韩国广播通信委员会（KCC）表示，他们将对目前的电信法进行大幅改进。目前的法律要求互联网公司必须在用户发布评论或在线信息前对用户名字和身份证号进行确认。此外 KCC 还将发布禁令，禁止收集用户"居民登录证"（身份证）号码。此前韩国公司普遍使用该方法确认网民身份。"我们将逐步淘汰收集在线居民登录证的做法，以缓解外界对于个人信息泄露的担忧，"KCC 在声明中称，"我们将重新评估身份认证系统，在通信环境不断变化的条件下，这是提高监管的必要措施。"同时，韩国因"避免用户个人隐私信息恐遭黑客攻击",开始废除"居民身份证"登录办法,改用其他身份识别系统,如采用信用卡替代身份证。

10.1.6　站在网民角度看政策

网民关心的是政府如何能有效地实施有利于网络健康发展的政策,有利于自身网络虚拟空间不受侵犯。因此相关规范网络行为的法律法规一定要出台、落实。相关政府部门可以帮助网民维护自身权益不受侵犯,只要网民通过国家认证账号注册网站进行登录,可以从手机短信第一时间获取登录信息,让网民更容易掌握自身网络账户的安全状况,这种办法类似于我国现有的银行出账短信通知业务;同时政府提供账号查询服务和网络注册信息查询服务,这就相当于手机账单式管理,可以通过指定运营商,查询到自己所有注册账户的账号、密码、注册时间和网站信息,之后还可以设置推送服务,为网民提供相关网站新活动的推送功能,网民可以选择接受或拒绝。

10.2　推广期方案

推广期计划用四年时间。推广期主要工作是在推广时间内分网站进行互联网实名认证,先从门户网站再到小网站。在推广过程中要加强网络实名制宣传,只有改变了网民的观念,才可能继续实施互联网实名制,这不是一蹴而就的,而是一个漫长的过程。

10.2.1　互联网可信认证推广循序渐进

第一步是从大的门户网站入手,凡是注册成为该门户网站的用户,需要通过中央数据云的互联网实名制认证。第二步要将互联网实名制推广到互联网聊天软件和社交网络,其中新网民及尚未实名认证的旧网民需要通过中央大数据云进行实名制认证，已实名认证的网民不需要重复进行认证，只需提供认证信息与中央数据云进行验证。推广过程不能移除所有网络商的个人数据，只能将新的数据添加进中央数据云。细化具体实施步骤可以参照NSTIC 战略方案。

10.2.2　加大对互联网实名制的社会调研

主要从民众反响、企业反响、网站注册人数等方面入手做一个系统分析。对互联网实名制全面实施情况做市场调研。

10.2.3　开展互联网信任等级评级调研

在互联网可信认证开始推广后，政府要做的是开展下一步工作计划，就是关于互联网信任等级评级调研，主要是了解目前市场情况、互联网分工情况、现有的互联网信任等级评级的基础设施和相关内容。

10.2.4　加强信任等级评价模式建立

与互联网可信认证关注点不同，信任等级评价更应该关注的是模式建立，只有建立一个完善的模式，才能建好信任评价体系。信任评价模式也关系到个人与企业信任。参照现有的电商个人信任评价体系和互联网网站信任评价体系来建立全网的互联网信任评价体系。

（1）我国互联网电商信任评价体系

目前我国电子商务主要采取四种较为典型的信任模式，即中介人模式、担保人模式、网站经营模式和委托授权模式。

中介人模式——这种模式将电子商务网站作为交易中介人。但这里的中介人不是普通意义的"介绍"，而是以中立的身份参与到交易的全过程之中。可见，这种信任模式试图通过网站的管理机构控制交易的全过程，以确保交易双方能按合同的规定履行义务。这种模式虽然能在一定程度上减少商业欺诈等商业信任风险，但却需要网站有较大的投资设立众多的办事机构，而且这种模式还有一个交易速度和交易成本问题。

担保人模式——这种信任模式是以网站或网站的经营企业为交易各方提供担保为特征。有些网站规定，任何会员均可以向本网站申请担保，试图通过这种担保来解决信任风险问题。这种将网站或网站的主办单位作为一个担保机构的信任模式，最大的好处是使交易双方降低了信任风险。[73]

网站经营模式——许多网站是通过建立网上商店的方式进行交易活动的。这些网站作为商品的经营机构，在取得商品的交易权后，让购买方将货款支付到网站指定的账户上，网站收到购物款后才给购买者发送货物。这种信任模式是单边的，是以网站的信誉为基础的。而对于网站是否能按照承诺进行交易，则需要社会的其他机构来进行事后监督。[23]

委托授权模式——这种信任模式是电子商务网站通过建立交易规则，要求参与交易的当事人按预设条件在协议银行建立交易公共账户，网络计算机按预设的程序对交易资金进行管理，以确保交易在安全的状况下进行。这种信任模式最可取的创新是电子商务网站并不直接进入交易的过程，交易双方的信任保证是以银行的公平监督为基础的。

（2）互联网网站信任评价体系

互联网网站信任评价是利用网站提供服务的机构、企业或个人在遵纪守法、遵守道德、履行合同、兑现承诺等方面的能力和品格的总称，表示该网站的可信任程度。

网站信任价值主要由两个要素决定，即网站服务提供商的服务能力和品格。如果网站服务提供商通过服务和经营获得经济收入的能力很强，具备承担社会责任和履行承诺的品格，那么，该提供商就具有很好的网络信任。反之，能力或品格有一个要素出现问题，就会降低信任价值，可能带来信任风险，给网站用户和买家造成伤害和损失。

网站信任评级方法：衡量提供商的能力主要考察网站质量以及网站的运营、管理和获利能力；衡量提供商的品格主要考察提供商身份和网站信息的真实性和合法性、社会信任记录、网站用户和买家的满意度。

要使我国互联网可信生态系统得到推广，建立符合我国国情的信任等级评价模式是必不可少的一步，它是推广成功的关键。目前，我国现有的电商个人信任评价体系和互联网网站信任评价体系正在逐步完善，它对我国信任评价模型的建立也起到借鉴的作用。

10.2.5　站在网民角度看政策

在推广期内，网民关心更多的是如何通过政府在国家身份认证账号上获取保障，政府需要成立一个专门的工作小组来保障网民个人利益不受侵犯。从韩国实名制的教训可以知道是否能够保障网民的个人隐私安全关系到政策能否顺利实施，所以说政府在这四年内绝对不能发生大规模信息泄露事件。信任等级评定的设立需要政府具有很高的公信力，需要网民对认证机制具有较高的信任度，建立互联网信任等级体系还需要在推广期进一步调查研究，摸清实际情况再着手实施。

10.3　应用期陈述

应用期主要的任务是完成互联网可信身份认证的全面推广，互联网可信身份认证的全面推广是互联网可信身份认证的第三步，在第二步的基础之上需要实现全民个人身份认证的整合，包括以前没有注册的，需要在应用期能够实现通过互联网来完整还原一个人的所有互联网行为。同时在应用期中要构建可以查看的互联网信任评价等级查询系统，并开始推广互联网信息共享机制作为互联网信任评价体系的附加功能。

总结：我国互联网可信生态系统是一个完整的互联网实名制的措施与举措。但是要实行互联网可信生态系统还有漫长的道路要走，先要在启动期内做好充分的调研与基础设施建设。也只有建立好完整的互联网身份认证技术，才能将互联网信任评级、互联网信息共享做好。

10.4 基于电商的可信互联网生态环境推广

现代社会，电子商务方兴未艾。从整个社会经济运行的角度来看，电子商务具有长远的价值和意义，它不仅改变了人们的购物习惯，更极大地促进了内需，同时也使国家互联网和计算机技术不断前进与发展。基于电商的可信互联网生态环境推广方案，其目的就是将互联网环境推广方案运用到我国电商上去，从中推广一套行之有效的发展模式，为互联网可信生态环境全面推广做试点。

电商可信互联网生态环境推广主要分为三个时期，分别为启动期、推广期和应用期。鉴于我国现有电商的基础比较成熟，行业规范相对完善，同时国家已经有了相关法律条文来约束商家行为，所以启动期可以控制在一年左右。推广期作为电商可信互联网生态推广方案中的重要一环，主要任务是做好信任评级以及信息共享，这两类方式相对执行与操作难度比较大，所以推广期的时间应该放置在三年左右甚至更长。应用期则是根据启动期的精心准备、推广期的调研来完成应用期的实践与创新。

10.4.1　启动期方案

我国电子商务的基础设施建设良好，基本上形成了电子商务交易服务、业务流程外包服务和信息技术外包服务等一些电子商务领域的公司。其中京东商城在 2013 年投入 40 亿元兴建了南北两大云计算数据中心，阿里巴巴则尝试向电商企业输出云计算、云存储，亚马逊也建立了自己的云数据存储服务[74]。政府作为互联网生态环境推广方案的策划者与引路人，主要应做到以下几方面。

基础设施建设调研。虽然我国现有的电商基础设施基本上已经比较完善（调研报告中已经有描述），但是要建立一套比较完整的互联网可信生态建构（电商部分），需要深入企业做好详细调研，并对各大电商的业务流程、数据传输接口等技术细节作详细列举。

获取企业多方配合。互联网电商的发展是由政府为引导监督，企业为主力的市场发展模式，在我国电商基础上建立全覆盖的互联网可信环境需要各家电商的多方位支持，包括开放用户数据给政府，提供政府数据云接口与认证服务等。

建立统一的用户数据云。政府需要整合电商的数据云平台，建立国家统一的用户数据云信息平台，电商可以根据自身推广与市场方案保留少部分用户信息作为数据分析。

建立风险评估模型。电商发展到今日已经形成了几个强大的集团帝国，包括阿里巴巴、京东商城、亚马逊等，它们各自占据一定的市场份额。政府不仅需要电商支持，更需要政府能拿出一套行之有效的保障措施，一方面保障数据安全性，另一方面维护电商的利益。

10.4.2　推广期方案

对于我国电商来说，互联网后台实名制工作已经完成，政府需要做的只是参考或者获得后台用户信息。而互联网信用等级与信息共享是建立我国互联网电商可信生态环境的重要环节。

开展对于互联网电商个人用户认证系统的调研与改进方案。方案在实施过程中不断改进，开发更多的用户交互界面，建立更多的安全保护机制，包括数据云与电商网站交互界面的安全保障，统一用户数据云的安全保证。

整合信用评价模型。现在各大电商都根据自身发展需求和网站特点建立了一套适于自身发展需求的信用评价模型。政府需要根据启动期的调研报告来整合一套适合各大电商的信用等级模型，建立基于统一用户数据云的个人信用评价体系。

政府加强与电商之间的沟通，为各大电商信息共享构建桥梁。要想实现数据共享一定要协调好各大电商企业之间的利益平衡，在统一的用户数据云平台上完成电商之间的信息交互，包括整合用户全电商系统的个人信用等级、个人欺诈等数据。

10.4.3　应用期方案基础

在已经成功实行互联网电商可信身份认证技术，初步建立互联网电商信用评价体系，和互联网电商信息共享机制，并解决了电商间利益矛盾的情况下，可以从推广期过渡到应用期。

参考文献

［1］许秀文，郝勇，周矛欣. 网络是把双刃剑——浅谈网络信息共享及泄密
［J］. 中国教育信息化，2011，11：59－60.

［2］尹建国. 美国网络信息安全治理机制及其对我国之启示［J］. 法商研
究，2013，2：138－146.

［3］王静静. 从美国政府的互联网管理看其对中国的借鉴［D］. 华中科技
大学，2006.

［4］滕顺祥. 基于互联网的行业综合治理机制与策略研究［D］. 北京交通
大学，2010.

［5］申楠. 我国网络舆情监管研究［D］. 东北大学，2010.

［6］江晓东. 我国网络有害信息公共治理的模式研究［D］. 上海交通大
学，2009.

［7］袁媛. 网络淫秽、色情信息治理法律问题研究［D］. 北京邮电大
学，2011.

［8］孙九林. 加强信息资源开发利用与共享提高信息化建设效率［J］. 数码
世界，2007，11：3－4.

［9］孙九林. 科学数据共享大循环［N］. 科技日报，2014－04－24.

［10］陈传夫，曾明. 科学数据完全与公开获取政策及其借鉴意义［J］. 图
书馆论坛，2006，2：1－5.

［11］旷野，闫晓丽. 美国网络空间可信身份战略的真实意图［J］. 信息安
全与技术，2012，11：3－6.

［12］张莉. 析美国《网络空间可信身份国家战略》［J］. 江南社会学院学
报，2012，4：6－9.

［13］徐天晓. 新加坡网络色情管制分析及对我国的启示［D］. 北京交通大学, 2011.

［14］苏丹. 信息高速公路与"交通管制"［D］. 上海外国语大学, 2004.

［15］中国新加坡经贸合作网. 新加坡网络管理体制探究［EB/OL］. http：//www. csc. mofcom – mti. gov. cn/csweb/csc/info/Article. jsp？a_no = 236123&col_no = 132. 2010 – 09 – 28/2013 – 9 – 14.

［16］努力构筑互联网健康运行的法律屏障（续）——国外互联网立法综述［J］. 中国工商管理研究, 2012, 4：52 – 56.

［17］周永坤. 网络实名制立法评析［J］. 暨南学报（哲学社会科学版）, 2013, 2：1 – 7, 161.

［18］巫思滨. 互联网不良信息综合治理研究［D］. 北京邮电大学, 2011.

［19］郭春涛. 欧盟信息网络安全法律规制及其借鉴意义［J］. 信息网络安全, 2009, 8：27 – 30.

［20］陈旸. 欧盟网络安全战略解读［J］. 国际研究参考, 2013, 5：32 – 36.

［21］《中外互联网及手机出版法律制度研究》课题组. 呼唤建设完善的信息传播法制管理体系［N］. 中国新闻出版报, 2008 – 10 – 16.

［22］杨淑君. 从网购诚信走向网购信用——浅析淘宝网信用评价机制［J］. 重庆邮电大学学报（社会科学版）, 2013, 5：34 – 40.

［23］罗瑞生. 建设我国 C2C 电子商务信用体系的研究［J］. 现代商业, 2010, 7：151, 150.

［24］徐莹, 夏克敏. CtoC 电子商务网站信用评价［J］. 经营与管理, 2011, 6：77 – 80.

［25］熊彩亚, 陈力. 对手机实名制相关问题的探析［J］. 通信管理与技术, 2007, 01：36 – 38.

［26］电话用户真实身份信息登记规定［J］. 司法业务文选, 2013, 37：39 – 42.

［27］洪新德, 姚理. 试论电信诈骗的类型及防控［J］. 长江大学学报（社会科学版）, 2010, 6：35 – 37.

［28］2013 年第四季度支付体系运行总体情况［J］. 金融会计, 2014, 3：12 – 15.

［29］个人存款账户实名制规定［J］. 中华人民共和国国务院公报, 2000,

15：10 - 11.

［30］陈宗元. 网上银行业务安全的若干建议［J］. 金融科技时代，2011，4：81 - 83.

［31］陈建. 中国生物识别行业的历史分析和前景展望［J］. 金卡工程，2006，6：70 - 72.

［32］毛巨勇. 2011 年生物识别市场发展回顾［J］. 中国安防，2011，12：61 - 65.

［33］董明. 指纹识别技术发展综述［J］. 中国科技信息，2011，13：70.

［34］王静静. 美国网络立法的现状及特点［J］. 传媒，2006，7：71 - 73.

［35］赵鹏，李剑. 国内外信息安全发展新趋势［J］. 信息网络安全，2011，7：84 - 85，92.

［36］李姗敏. 韩国网络实名制兴衰及其对中国的启示［D］. 苏州大学，2013.

［37］习近平的网络安全观［J］. 当代社科视野，2014，12：1.

［38］冉继军. 从网络实名制看中国的互联网博弈［J］. 当代传播，2013，1：43 - 47.

［39］王绘雯. 微博实名制的行政法分析［D］. 中央民族大学，2013.

［40］张民，罗光春. 新型可信网络体系结构研究［J］. 电子科技大学学报，2007，S3：1400 - 1403.

［41］孔国栋. 基于模糊综合评判的网站实体信用评估技术研究［D］. 上海交通大学，2012.

［42］中国互联网信用评价中心 - 网络诚信联盟. 信用等级符号及释义［EB/OL］. http：//irt. itrust. org. cn/html/credit/xinyongzhishi/2010/0129/176. html，2010 - 01 - 29/2013 - 3 - 04.

［43］苏娜. 我国商业银行信用评级研究［D］. 首都经济贸易大学，2007.

［44］齐志. 基于电子商务信用信息服务体系建设与运行机制研究［D］. 吉林大学，2008.

［45］魏明侠，肖开红. 电子商务信用形成机制分析［J］. 新选择，2006，2：50 - 51.

［46］刘飞. 信用评级理论及实践研究［D］. 大连海事大学，2010.

［47］刘志强. 试论商事信用的法律规制［D］. 兰州大学, 2005.

［48］池召昌. 引入"模块化"概念构建新型信用体系［D］. 南开大学, 2005.

［49］吴可. 中国个人信用体系建设［D］. 西南财经大学, 2009.

［50］周后林. 浅探我国职业诚信体系之构建［D］. 西南财经大学, 2008.

［51］曹珩. 破窗理论视野下的微博传播研究［D］. 苏州大学, 2014.

［52］裴俊. B2C 电子商务信用评价模型研究［D］. 北京邮电大学, 2010.

［53］陆伟, 徐蕾. 电子商务信用评级指标体系初探［J］. 评价与管理, 2008, 4: 53 - 56, 52.

［54］陈月华. 网站可信评价指标体系研究［J］. 信息网络安全, 2013, 5: 79 - 82.

［55］孙梦阳. 基于个人信用评分模式的信用卡风险研究［J］. 时代金融, 2013, 14: 65 - 66.

［56］宋晓颖. 人口基础信息共享平台的设计与实现［D］. 中国海洋大学, 2011.

［57］张堂知. 我国电子政务建设中信息共享初探［D］. 福州大学, 2005.

［58］柳强. 互联网治理信息的共享研究［D］. 北京邮电大学, 2008.

［59］王湘宁. 互联网使用中的信息共享问题研究［J］. 现代经济（现代物业下半月刊）, 2008, 1: 141 - 142.

［60］马波. 我国高校图书馆全面质量管理体系构建研究［D］. 东北大学, 2010.

［61］张宏静, 王碧琴, 乔诚. 信息共享中信息隐私的安全威胁分析［J］. 兰台世界, 2011, 27: 67 - 68.

［62］邢伟. 对电子商务信用体系建立的研究［J］. 沿海企业与科技, 2005, 12: 65 - 66.

［63］吴先锋, 周静, 袁绪. 电子商务信用体系如何建立?［J］. 中国电信业, 2013, 7: 78 - 80.

［64］张传玲. 谈我国电子商务中信用体系的构建［J］. 商业研究, 2008, 6: 191 - 194.

［65］宋心馨. 电子商务平台上的金融产品担保业务初探［D］. 中国人民大

学，2008.

［66］周江. 我国电子商务信用体系的现状及问题［J］. 成都大学学报（社会科学版），2007，5：53－55.

［67］郭志光. 电子商务环境下的信用机制研究［D］. 北京交通大学，2012.

［68］胡传平. 公民网络电子身份标识 eID 的发展与应用［J］. 铁道警察学院学报，2015，1：39－42.

［69］魏静. 数字鸿沟的伦理问题初探［D］. 湖南师范大学，2003.

［70］王鹤鸣."实名制"能否补上信息安全管理的漏洞？［J］. 信息安全与通信保密，2013，2：23－25.

［71］张甜甜. 我国网络后台实名注册制度研究［J］. 教学交流，2014，1：398－399.

［72］柯美君. 利用大数据优势摆脱"管道"困境［J］. 通信世界，2013，22：20－21.

［73］周瑾. 对电子商务信任的经济学分析［D］. 南开大学，2006.

［74］宋汉征. 采购网电子商务系统的设计与开发［D］. 东华大学，2014.